浙江数字化发展与治理研究中心、浙江省数字化改革研究智库联盟
学术支持

数字化改革研究系列丛书

CONSTRUCTION OF
DIGITAL ENABLING ADVANCED
MEASUREMENT SYSTEM

APPLICATION AND CASE OF
"DIGITAL INTELLIGENCE MEASUREMENT"

数字赋能
先进测量体系建设

"数智计量" 的应用及案例

朱怀球　郭晓炜　陈奕豪◎著

ZHEJIANG UNIVERSITY PRESS
浙江大学出版社
·杭州·

图书在版编目（CIP）数据

数字赋能先进测量体系建设："数智计量"的应用及案例 / 朱怀球，郭晓炜，陈奕豪著. -- 杭州：浙江大学出版社，2024. 11. -- ISBN 978-7-308-25707-7

Ⅰ. P204

中国国家版本馆CIP数据核字第20242VR595号

数字赋能先进测量体系建设："数智计量"的应用及案例
SHUZI FUNENG XIANJIN CELIANG TIXI JIANSHE："SHUZHI JILIANG" DE YINGYONG JI ANLI

朱怀球　郭晓炜　陈奕豪　著

策划编辑	陈佩钰
责任编辑	葛　超
责任校对	金　璐
封面设计	雷建军
出版发行	浙江大学出版社
	（杭州天目山路148号　邮政编码310007）
	（网址：http://www.zjupress.com）
排　　版	浙江大千时代文化传媒有限公司
印　　刷	杭州宏雅印刷有限公司
开　　本	710mm×1000mm　1/16
印　　张	14.5
字　　数	171千
版 印 次	2024年11月第1版　2024年11月第1次印刷
书　　号	ISBN 978-7-308-25707-7
定　　价	79.00元

丛书序

　　数字化改革是数字浙江建设的新阶段，是数字化转型的一次新跃迁，是浙江立足新发展阶段、贯彻新发展理念、构建新发展格局的重大战略举措。数字化改革本质在于改革，即以数字赋能为手段、以制度重塑为导向、以构建数字领导力为重点，树立数字思维、增强改革意识、运用系统方法，撬动各方面各领域的改革，探索建立新的体制机制，加快推进省域治理体系和治理能力现代化。

　　浙江历来是改革的先行地，一直以来不断通过改革破除经济社会的体制机制障碍、打破思想桎梏，激发经济社会发展的活力。进入新发展阶段，浙江聚焦国家所需、浙江所能、群众所盼、未来所向，按照"一年出成果、两年大变样、五年新飞跃"总体时间表，体系化、规范化地推进数字化改革，以"三张清单"找准重大需求、谋划多跨场景、推进制度重塑，在现代化跑道上推动共同富裕示范区建设，逐渐形成与数字变革时代相适应的生产方式、生活方式、治理方式。在"两年大变样"即将完成之际，社科界亟须深入挖掘浙江数字化改革潜力、牵引全面深化改革取得开创性成效、总结数字化改革浙江经验、提炼数字化改革理论方法，寻找具有普遍性和规律性的内在动因机制。

按照构建智库"大成集智"工作机制的理念思路，浙江省社会科学界联合会指导并组建以浙江数字化发展与治理研究中心为牵头单位，杭州电子科技大学浙江省信息化发展研究院等21家单位共同参与的浙江省数字化改革研究智库联盟（以下简称联盟），全面开展数字化改革研究，为浙江省数字化改革提供理论支撑和智力支持。自2021年8月成立以来，联盟一方面不断壮大规模，全面构建高水平研究团队，积极为浙江省委、省政府乃至国家建言献策；另一方面深化资源共享，创新多元化合作研究机制，构建浙江数字化改革实践创新案例数据库平台，打造展示浙江数字化改革的"重要窗口"。联盟持续发布了《浙江省数字化改革实践创新报告（2021）》《数字化需求测评报告》等系列品牌成果，其理论成果《关于数字化改革理论内涵的解读》入选2022年浙江省数字化改革"最响话语"。

党的二十大报告指出，要"以中国式现代化全面推进中华民族伟大复兴"，"扎实推进共同富裕"。浙江省第十五次党代会提出，"在高质量发展中奋力推进中国特色社会主义共同富裕先行和省域现代化先行"。数字化改革作为全面深化改革的总抓手，是实现现代化先行和共同富裕先行的"船"和"桥"，为其提供根本动力。站在新的历史起点，聚焦书写数字化改革浙江样本、高水平推进数字化改革、打造数字变革高地，浙江数字化发展与治理研究中心组织联盟成员单位，深入开展调查研究，剖析数字化改革实践案例，进行数字化改革理论创新，推动数字化改革探索和实践上升为理论成果，形成了数字化改革研究丛书。本丛书提炼数字化改革智慧、传播数字化改革经验、唱响数字化改革之声，旨在为经济社会高质量发展和治理体系、治理能力现代化提供智力支持。

作为智库联盟的"大成集智"产品，希望本丛书的出版能够起到抛砖引玉的作用，带动国内数字化改革、中国式现代化等领域研究的持续推进，也希望本丛书作为纽带，在无边界的研究群落中为更多的学者架起沟通、互动、争鸣、协同的桥梁。

郭华巍

浙江省社科联党组书记、副主席

2022 年 11 月于杭州

前　言

　　测量是人类认识世界和改造世界的重要手段，是突破科学前沿、解决经济社会发展重大问题的技术基础。计量是关于测量及其应用的科学，是为了保证测量结果的准确可靠而开展的技术和管理活动的统称。没有计量，就不可能有准确、可靠、一致的测量。

　　科技要发展，计量需先行。计量被称作工业生产的"眼睛""神经"，计量检测、原材料和工艺装备被许多工业大国列为现代工业生产的三大支柱。钱学森也曾说过："没有计量工作的现代化，要实现四个现代化是不可能的。"[①]计量作为国家和国际质量基础设施的核心组成部分，同样支撑着今天数字经济的发展。

　　近年来，大数据、云计算、人工智能等新技术的应用，催生了一个全新的数字时代。在我国，发展数字经济已经上升为国家战略，数字技术的广泛应用，展现了数字化生活的广阔前景，各行各业都在加速推进数字化

---

① 本刊编辑部.钱学森同志在全国计量工作会议上的讲话，中国计量，2009（12）：4-8。

转型。计量作为测量及其应用的科学，也在加速步入数字时代，正在发生从"有形"到"无形"的历史性变革。计量数字化转型将让世界获益，它不仅能为所有测量数据的用户提供数字基础，更将革命性地推动科学技术的创新，以及提升全球经济的灵活性和可持续性。

2022 年 5 月 20 日是第 23 个世界计量日，国际计量组织将其主题确定为"数字时代的计量"，倡导建立国际单位制数字框架，推进计量数字化转型，支撑数字经济健康发展。"量子技术 + 互联网技术"这一新兴发展模式，将掀起整个测量科学的革命。在世界计量日中国纪念大会上，市场监管总局领导在题为《拥抱数字时代 加快计量发展》的致辞中表示，数字经济是发展大趋势，计量事关数字经济发展大局，未来，市场监管部门将把数字计量摆在更加突出的位置，加快计量数字化转型，加强计量和数字技术深度融合，让计量在数字经济时代焕发出勃勃生机。

浙江省数字化建设始于 2003 年。多年来，浙江省依托数字化改革，深化数字浙江建设，经过长期的探索与实践，走在了全国前列，成为数字化改革的先行者。浙江省市场监督管理局落实市场监管改革工作，聚焦市场监管现代化先行，不断把市场监管数字化改革向纵深推进，奋力打造全国智慧市场监管先行先试示范区，放大数字化改革领跑优势，为全国智慧市场监管提供浙江示范。浙江省计量科学研究院积极落实浙江省政府和市场监督管理局关于数字化改革的各项要求，紧跟数字化发展步伐，大力贯彻落实《计量发展规划（2021—2035 年）》（国发〔2021〕37 号）、《浙江贯彻落实市场监管总局等五部委〈关于加强国家现代先进测量体系建设的指导意见〉实施方案》等相关政策，响应 2022 年世界计量日"数字时代的计量"的活动主题，在数字化浪潮中主动布局数字化转型建设，进一步结合人工智能等技术进行全新探索，推动传统计量向更高效、更精准、更高端的"数智计量"方向发展，取得了良好成效。浙江省计量科学研究院已发展成为浙江经济社会高质量发展的重要测量数据提供者、测量装置研发者、测量方案设计者、测量标准制定者和测量数据准确性的保障者，并于 2022 年 5 月正式加入浙江省数字化改革研究智库联盟，且负责由联盟启动的数字化改革研究丛书中的《数字赋能先进测量体系建设："数智计量"的应用及案例》。本书展现了浙江省计量科学研究院联合北京金谷远见科技有限公司对国内外数字化计量发展情况的研究，以期能够赋能数字计量发展，使其在攻关核心技术时得到更深层次的助力，将传统计量向更高效、更精准、更高端的数字计量持续推进，为浙江省打造"重要窗口"、高质量发展建设共同富裕示范区、社会主义现代化先行省建设提供高质量计量支撑和保障。

　　本书是系统论述计量数字化研究与应用的专著，全书以"数字化如何赋能先进测量体系建设"为中心展开，梳理了先进测量体系数字化发展历程、态势及特征，详细阐述了计量数字化技术发展的现状及未来发展趋势，并总结了部分发达国家先进测量体系的数字化发展经验，以期为我国计量数字化转型工作提供借鉴。本书还收录了以浙江省计量科学研究院为代表的法定计量技术机构数字化发展和重点领域测量技术数字化发展的典型案例，展现了在先进测量体系建设过程中，数字化扮演了什么样的角色，发挥了什么样的作用。

　　本书的出版，能够为我国计量技术机构、相关科研机构、企业等深入开展计量数字化转型研究和相关技术应用提供有益借鉴；在加强计量与数字技术深度融合从而推动我国测量数字化转型升级方面发挥积极作用。

目 录

第1章

绪　论

第一节　研究背景

测量是人类认识世界和改造世界的重要手段，是突破科学前沿、解决经济社会发展重大问题的技术基础。国家测量体系（National Measurement System，NMS）是国家战略科技力量的重要支撑，是国家核心竞争力的重要标志。国际单位制量子化变革开启了以测量单位数字化、测量标准量子化、测量技术先进化、测量管理现代化为主要特征的先进测量时代。

2017年，中共中央、国务院印发《关于开展质量提升行动的指导意见》，首次提出"构建国家现代先进测量体系"。国家先进测量体系（National Advanced Measurement System，NAMS）是指面向国家经济、社会和国防发展的重大技术需求，以需求牵引为导向，以支撑技术和科技发展为使命，以提高国家核心竞争力为目标的测量体系。国家先进测量体系由国家计量体系、国家产业计量测试体系（或国家产业测量体系）构成，以量子计量基准为核心、以扁平化量值溯源为特征、以超精密参数测量技术和计量科技创新能力为重点。国家先进测量体系包括战略性新兴产业、高技术产业、现代服务业、现代农业、传统产业等经济社会重点领域中的测量技术支撑体系，同时也是涉及全社会现代产业体系领域的测量技术活动的统称。

2021年12月29日，市场监管总局联合科技部、工业和信息化部、国务院国资委、国家知识产权局共同出台了《关于加强国家现代先进测量体系建设的指导意见》。随后，国家发展改革委、工业和信息化部、市场监管总局等部门出台的十多个文件都明确提出要构建国家现代先进测量体系。构建国家现代先进测量体系，需从战略定位、主攻方向、前瞻理念和多方推动等方面统筹考虑。

2021年12月31日，国务院印发《计量发展规划（2021—2035年）》（国发〔2021〕37号），对未来计量事业发展进行了全面系统的部署，明确提出到2025年初步建立国家现代先进测量体系，到2035年建成以量子计量为核心、科技水平一流、符合时代发展需求和国际化发展潮流的国家现代先进测量体系。在新的历史时期，加快构建国家现代先进测量体系是党中央、国务院赋予新时代计量工作的一项重大课题，为未来一段时期计量事业改革发展指明了方向，对全面建成社会主义现代化强国、服务经济社会高质量发展具有重要意义。

构建国家现代先进测量体系是计量事业发展的战略之举、实现高质量发展的必然选择、打造现代化产业体系的迫切需要。在此背景下，梳理、分析、总结中国在数字赋能先进测量体系建设方面的主要做法、成功经验、典型案例，探讨数字世界及智能领域中的测量问题、计量数字化转型及其带来的重大深远变革等问题,展望推动"数智计量"重要理论创新、实践应用的方向与路径,对于夯实数字经济、数字中国的测量基础,推动构建完善的国家现代先进测量体系,具有重要的现实意义。

一、政策背景

党的十八大以来,在以习近平同志为核心的党中央的坚强领导下,我国计量事业得到快速发展,国家整体测量能力和水平不断提升,截至 2022 年 1 月,获得国际互认的国家校准与测量能力达 1779 项,位居世界前列。但在经济社会快速发展的同时,部分领域量值传递溯源能力还存在空白,关键测量技术有待突破,高端测量仪器仪表和核心零部件长期依赖国外。

特别是国际单位制量子化变革,开启了以测量基准量子化、测量单位数字化、量值传递扁平化、测量手段灵活化、计量空间开放化为主要特征的"先进测量"时代,国际计量格局不断发生变化,世界测量秩序不断重构。在新时代背景下,我国亟须根据现代测量需求的变化,进一步强化国家现代先进测量体系建设,全面提升国家整体测量能力和水平,服务高质量发展。

随着移动互联网、物联网、大数据、云计算和人工智能等新一代信息技术的加速迭代演进,为了加快推动数字赋能先进测量体系建设,党中央、国务院,以及相关主管部门、地方政府陆续出台了一系列推动测量体系、测量技术、测量装备等数字化、智能化发展的政策文件。下面列举一些具有代表性的政策文件。

(1)《中共中央　国务院关于开展质量提升行动的指导意见》

构建国家现代先进测量体系。紧扣国家发展重大战略和经济建设重点领域的需求，建立、改造、提升一批国家计量基准，加快建立新一代高准确度、高稳定性量子计量基准，加强军民共用计量基础设施建设。完善国家量值传递溯源体系。加快制定一批计量技术规范，研制一批新型标准物质，推进社会公用计量标准升级换代。科学规划建设计量科技基础服务、产业计量测试体系、区域计量支撑体系。

（2）《计量发展规划（2021—2035年）》（国发〔2021〕37号）

计量科学技术水平不断提升，加强量子计量、量值传递扁平化和计量数字化转型技术研究，建立国际一流的新一代国家计量基准，攻克一批关键计量测试技术，研制一批具有原创性成果的计量标准装置、仪器仪表和标准物质，建设一批国家计量科技创新基地和先进测量实验室，培养造就一批具有国际影响力的计量科研团队和计量专家队伍，确保国家校准测量能力处于世界先进水平。

到2035年，国家计量科技创新水平大幅提升，关键领域计量技术取得重大突破，综合实力跻身世界前列。建成以量子计量为核心、科技水平一流、符合时代发展需求和国际发展潮流的国家现代先进测量体系。

（3）《浙江贯彻落实市场监管总局等五部委〈关于加强国家现代先进测量体系建设的指导意见〉实施方案》

方案要求研究构建新型量传溯源体系，推动量传溯源扁平化，加快计量标准数智化，推进产业计量特色化。积极研究时间频率远程实时溯源技术以及计量器具远程、在线、嵌入式校准技术，推动测量与溯源一体化发展。探索建设一批标准物质量值核查验证实验室。推动图像识别、物联网、MEMS（微机电系统）工艺、自动控制以及人工智能等新技术在计量标准装置中的应用，探索行人重识别（ReID）算法等数字计量标准研究。推进计量标准装置智能化、网络化、数字化，推动远程方舱计量实验室拓点扩面，重点建设具有浙江辨识度的高能级计量标准。

从政策上来看，我国在国家现代先进测量体系构建方面作出了长远战略部署，为我国测量数字化发展创造了良好的政策环境，对推进全国测量数字化高质量发展具有重要意义。自国务院发布关于数字计量、先进测量体系建设的政策文件之后，测量数字化受到了广泛关注，市场监管总局、相关主管部门及各地政府陆续发布了一系列重要部署文件和实施方案，其主要都是围绕先进量传溯源体系、计量基准、标准物质、先进测量技术、先进测量能力和水平等计量数字化内容展开。有部分省份已发布了计量数字化相关的实施方案，并且从实施方案和现有成果可以看出，浙江省位居全国前列。当前，以数字赋能先进测量体系的探索与实践还在进行之中。

二、现实背景

党的十八大以来，党中央、国务院把构建国家现代先进测量体系放到了更加突出的位置，尤其强调了数字化赋能先进测量体系建设的新要求。《计量发展规划（2021—2035 年）》17 次提到"数字"及"数字化"、32 次提到"数据"，《关于加强国家现代先进测量体系建设的指导意见》11 次提到"数字"及"数字化"、25 次提到"数据"，涉及测量单位数字化、数字化量传溯源应用、计量标准和测量参数数字链路、数字计量基础设施、测量仪器设备数字化、数字化模拟测量、数字国际单位制、数字校准证书等内容。推动测量体系数字化，能为建设质量强国贡献重要力量，为建设科技强国奠定坚实基础，为数字中国提供有力支撑，为健全现代产业体系发挥关键作用。

（1）建设质量强国要求测量体系数字化贡献重要力量

党的二十大报告强调，"坚持把发展经济的着力点放在实体经济上，推进新型工业化，加快建设制造强国、质量强国、航天强国、交通强国、网络强国、数字中国"。国务院印发的《"十四五"市场监管现代化规划》明确提出，"加强以量子计量为核心的先进测量体系建设"，"大力推进质量强国建设，深入实施质量提升行动，统筹推进企业、行业、产业质量提升，加强全面质量管理和质量基础设施体系建设"。

在新时代发展背景下，测量与计量不再孤立发展，而是作为国家现代先进测量体系的核心内容，带动相关要素共同发展，助力我国快速高效实现质量强国的战略目标。所以，构建国家现代先进测量体系是实现高质量发展的必然选择，也是推动质量强国的时代要求。当前，我国经济已由高速增长阶段转向高质量发展阶段，正处在转变发展方式、优化经济结构、转换增长动力的攻关期。不管是对于发展实体经济、振兴制造业，还是对于提升质量，计量都是重要的基础和保障。特别是产业转型升级，迫切需要计量更加全面、深入地融入产业发展全过程，为实现高质量发展提供更加精准、更加快速、更加广泛的计量技术支撑和保障。因此，在新时代，为推动我国质量强国的建设，计量事业发展迫切需要改革创新，根据现代测量需求的变化重新诠释计量的内涵、外延，明确新的任务、目标和要求，研究编制量子化变革时代的中国计量发展战略，从而构建一套属于中国自身的国家现代先进测量体系，全面提升国家整体测量能力和水平，服务经济社会高质量发展。

（2）建设科技强国要求测量体系数字化奠定坚实基础

测量是人类文明发展的"活化石"，历史上科技的重大进步都离不开测量技术的突破。与此同时，测量技术与科学技术是相辅相成的，而非单向促进，没有科学技术的良好发展就没有测量技术的进步。

当前，世界百年未有之大变局加速演进，科技创新成为影响和改变全球版图的关键变量。《中华人民共和国国民经济和社会发展第十四个五年规划和 2035 年远景目标纲要》指出，要坚持创新在我国现代化建设全局中的核心地位，把科技自立自强作为国家发展的战略支撑，加快建设科技强国。计量是测量的科学，是实现单位统一、量值准确可靠的活动。从人类文明萌芽的结绳记事，到农耕社会的统一度量衡，到工业化时期的《米制公约》，再到今天的量子计量与传感，计量对塑造人类科技文明作出了巨大贡献。

面向世界科技前沿，我国强调要加强计量基础和前沿核心技术研究。谁创新了基础理论，谁就掌握了话语权，也就掌握了原始创新的主动权。《计量发展规划（2021—2035 年）》提出，要开展量和单位、不确定度理论模型与应用、测量程序与有效性评价、可计量性设计研究，这些理论研究为技术的原始创新提供了可能路径。《计量发展规划（2021—2035 年）》还对量子计量技术，计量基准、标准装置小型化技术，量子传感和芯片级计量标准技术等前沿核心技术进行了部署，旨在抢占世界科技前沿。

这就要求我国强化科研攻关，提升测量技术水平。要加强测量学基础理论和核心技术原始创新，围绕国际单位制变革，加快计量关键核心技术攻关和重大科技基础设施建设，研究解决极值量、复杂量、微观量等准确测量难题；加强高端仪器设备的研发，提升测量仪器设备的准确性、稳定性、可靠性，培育具有核心技术和核心竞争力的国产测量仪器设备品牌。推动科技成果转化，鼓励各类测量主体建立联合实验室和技术创新联盟，加强测量资源开放共享，形成联合开发、优势互补、成果共享的产学研用协同创新机制，增强 NAMS 的创新活力。

（3）建设数字中国要求测量体系数字化提供有力支撑

2021 年末，我国先后发布《"十四五"国家信息化规划》《"十四五"数字经济发展规划》，均提出了重点加强数字经济发展和建设数字中国，为未来一个阶段中国信息化发展和数字经济发展确立了发展思路、理念、目标和路径，吹响了建设数字中国的时代号角。

为了更好地适应数字时代的到来，我国加快了数字中国的建设步伐。近年来，党和政府积极引导数字化转型，注重技术创新，搭建数字共享平台，大力推动数字经济与实体经济融合，维护数字经济安全。随着数字化产品和服务的广泛应用，由数字经济、数字社会、数字治理构成的数字中国图景渐趋清晰，数字中国将会更容易更便捷地融入世界、走向未来，这也就意味着计量将发生从"有形"到"无形"的历史性变革。

在数字中国主要组成部分中，数字经济是继农业经济、工业经济之后的主要经济形态，它以数据资源为关键要素，以现代信息网络为主要载体，以信息通信技术融合应用、全要素数字化转型为重要推动力，目的是促进公平与效率更加统一。随着区块链、云计算、大数据的不断发展，现代测量体系发生了重大变革，计量作为测量及其应用的科学，其数字化的转型是支撑数字经济发展的重要因素，因此受到高度重视，现代先进测量体系数字化建设也成为大势所趋。《计量发展规划（2021—2035 年）》明确提出，把数字计量摆在更加突出的位置，加强计量和数字技术深度融合，为发展数字经济夯实测量基础，也让计量在数字时代焕发勃勃生机。

在新的历史时期，加快构建国家现代先进测量体系（NMAMS），加快计量数字化转型，全面提升计量对数字经济的支撑能力，是党中央、国务院赋予新时代计量工作的一项重大课题，是实现高质量发展、构建高水平社会主义市场经济体制的必然选择，也是构建新发展格局的基础支撑和内在要求。NMAMS 构建应紧紧围绕国家重大战略方针，其不仅为未来一段时期计量事业改革发展指明方向，更对服务数字中国和智慧社会建设等战略任务和目标、全面建成社会主义现代化强国、服务经济社会高质量发展具有重要意义。

（4）健全现代产业体系要求测量体系数字化发挥关键作用

现代产业体系是现代化经济体系的产业支撑，是直接创造社会财富的生产和服务部门，是构成国民经济体系的核心支柱和关键枢纽，构建现代产业体系，是关乎我国发展全局的一项重大战略抉择。国家"十四五"规划纲要提出，着力构建实体经济、科技创新、现代金融、人力资源协同发展的现代产业体系，推进产业基础高级化和产业链现代化，这是建设现代化经济体系的必然过程。

由此可见，构建现代产业体系是与现代化经济体系相匹配的，主要体现在产业基础的高级化、产业链供应链的现代化、价值链的延伸化上面。而测量作为产业技术的重要基础，也是提升产业核心竞争力的关键。因为只有能被测量的东西，才能被制造。只有能被精确测量的东西，才能被精准创造。测量被称为工业生产的"眼睛"和"神经"。没有准确可靠的测量数据，没有统一完善的测量体系，任何制造都缺少统一的"标尺"，任何创造也不可能实现。世界工业发达国家把计量检测、原材料和工艺装备列为现代工业生产的三大支柱。从产品设计、原材料的质量检测到生产工艺过程的控制，再到出厂产品的合格检验，每一道工序、每一个流程都需要大量的测量器具和精准的测量数据来保障。可以说，企业测量水平的高低、测量体系的完善程度，在一定程度上影响并决定着工业制造业发展水平和产品的质量。没有准确的测量，就不可能有高效的生产，也就不可能实现工业的自动化和智能化。一个国家的测量能力和水平在很大程度上可以反映并决定本国科技、经济、社会发展的实际状况和能力，是本国工业核心竞争力和制造业水平的重要标志。

为加快健全现代产业体系建设，我国正构建以国家现代先进测量体系为目标、以量子计量基准为核心、以扁平化量值溯源为特征的国家产业计量测试体系，其中包括国家产业计量测试中心、国家产业计量测试平台、国家产业计量科技创新联盟。该体系主要面向产业发展的重大技术需求，以需求牵引为导向，以服务和支撑产业发展为使命，以提高产业核心竞争力为目标，以计量测试技术能力、计量科技创新能力、产品全寿命周期计量保障能力为手段，为促进、引领和创新产业发展提供全方位计量技术服务。其通过国家产业计量测试体系的建设，创新计量服务模式，延展计量服务链，拓宽计量服务领域，以前瞻性的战略定位和战略目标，服务于全溯源链、全寿命周期、全产业链，促进、引领产业创新和发展。因此，构建国家现代先进测量体系是健全现代化产业体系的迫切需要。

第二节　研究对象

一、概念界定

计量，古称"度量衡"，是实现单位统一、量值准确可靠的活动，也是关于测量的科学及其应用。在中国，"计量"与"测量"是两个词，但在国外实际应用中人们并未对这两个词作明确区分，英文都是用"measurement"表示。例如，我们常说的计量单位有时也被翻译为测量单位，计量基准、计量标准都属于测量标准，计量器具也被称为测量器具。

从计量定义可以看出，计量和测量密不可分，统一计量单位，就是统一测量单位，量值的准确可靠，就是测量结果的准确一致。要确定量的大小，需要测量，而测量需要统一，从而形成计量；计量的形成，又进一步保证了测量的准确和一致，二者是相辅相成的关系。没有计量就谈不上测量所获得量值的准确可靠；不通过实际测量，计量的目的也无法实现。计量工作的实质就是确保被测量值（即测量结果）的准确一致，实现国家对全国测量业务的管理、监督和服务。从计量工作的基本任务理解，一切量值的使用价值都是建立在准确测量的基础上的，计量工作的目的是通过测量来实现的。

但从内容上讲，计量又不同于测量，其主要区别在于，测量的目的是获得量值，而计量包含了为实现单位量值统一的全部活动，其目的是实现测量的统一性。以往计量工作法律、法规及相关文件往往只提"计量"而较少使用"测量"，这和当时的认知与应用场景有关。其实某些术语，如测量过程、测量控制、测量方法、测量结果、测量误差、测量重复性、测量准确度、测量不确定度等，只能用"测量"，而不能用"计量"替代。在理念上不应把计量和测量分割开来的原因在于，

本书所述的计量与测量不完全按照国内的定义加以区分（见表1-1）。

表 1-1　计量与测量的区别

比较项目	计量	测量
定义	实现单位统一、量值准确可靠的活动 来源：JJF 1001—2011《通用计量术语及定义》	通过实验获得并可合理赋予某量一个或多个量值的过程 来源：JJF 1001—2011《通用计量术语及定义》
性质	利用技术和法制手段实现单位统一和量值准确可靠的测量	按照某种规律，用数据来描述观察对象，即对事物作出量化的描述
目的	实现单位统一的全部活动，实现测量的统一性	获得量值
对象	单一，仅限于测量仪器	广泛
表现形式	存在于量值传递或溯源的系统中	可孤立存在
特性	准确性、一致性、法制性和可塑性	—
单位	1984 年 2 月 27 日，国务院发布《关于在我国统一实行法定计量单位的命令》，指出我国所有计量单位均采用中华人民共和国法定计量单位。我国法定计量单位以国际单位制为基础，包括我国选定的时间（分、时、日）、平面角（秒、分、度）、长度（海里）、质量（吨）、体积（升）等 10 个非国际单位	—

二、研究内容

传统测量工作主要围绕测量单位、测量标准和测量器具进行制度设计和组织实施，但对测量技术、测量方法、测量过程、测量结果等却没有明确的规定和要求，以至于大量"测不了、测不全、测不准"的问题无法得到有效解决。就如尺子在实验室检定准确了，不一定就能造出高质量的飞机发动机，所以传统测量必须向现代测量转变，从而提升国家整体测量能力和水平。

我国为构建国家现代先进测量体系，将当前的工作重点放在了测量数字化转型方向，因此，本书将从数字化角度深入探析国内外测量体系及测量技术的发展情况，通过对国内外情况的对比和分析，挖掘现代测量体系数字化发展存在的问题，并根据我国发展情况给出测量体系数字化发展的建议和可行措施，为测量体系数智化转型提供一定的理论基础和实践指导。

第三节　研究思路

一、研究框架

本书全面分析全球测量体系数字化的发展状况，主要涉及测量技术数字化、计量数字化转型、发达国家计量数字化发展状况、国内法定计量技术机构数字化发展情况和国内相关领域数字化测量体系发展情况。具体而言：一是根据全球测量技术数字化、计量数字化转型和发达国家测量体系数字化发展动态，全面分析当前全球测量体系数字化的发展状况，以及其在各行业中的应用和未来的发展趋势；二是分析我国法定计量技术机构、重点领域数字化测量发展状况；三是根据国内外发展状况对未来先进测量体系数字化发展给出建设性建议和措施。

本书总共分为八章，每章主要内容如下：

第 1 章概述了本书的研究背景、对象、思路等内容；

第 2 章对测量体系数字化的发展历程、发展态势和发展特征展开论述；

第 3 章阐述了测量技术数字化发展的基本现状，主要从现代化测量技术数字化发展现状、现代化测量技术数字化发展趋势两个方面展开分析；

第 4 章分析了计量数字化转型的三大方面，分别为"计量 + 信息化""计量 + 网络化"和"计量 + 智慧化"；

第 5 章阐述部分发达国家先进测量体系数字化的发展经验与启示，对德国、美国和英国的先进测量体系数字化发展状况进行深入研究，了解发达国家在测量体系数字化发展过程中主要的发展领域和发展方向；

第 6 章对当前国内数字化转型较好的法定计量技术机构的主要做法和成功经验进行介绍，其中包括浙江省计量科学研究院、贵州省计量测试院、山东省计量科学研究院、河南省计量科学研究院、安徽省合肥市计量测试研究院、北京市计量检测科学研究院和浙江省舟山市质量技术监督检测研究院；

第 7 章主要从一些重点行业领域展开对数字化测量典型案例的分析，涉及航空航天、石化、电力、交通、碳计量、民生、医疗、管网等领域；

第 8 章主要针对当前先进测量体系数字化发展的情况提出了强化先进测量体系数字化科研攻关、巩固先进测量体系数字化技术基础、注重数字化测量专业人才队伍建设、提升重点领域数字化测量保障能力、为数字中国建设提供测量技术保障、构建基于数字化的智慧计量监管模式、推进测量数据积累和应用、加强数字化测量技术机构建设等建议和措施。

二、技术路线

本书在研究脉络上以问题为导向，通过提出问题、聚焦问题、比对问题、分析问题，最后得出结论。本书通过文献研究法、调查研究法、经验分析法、案例分析法、汇总分析法等研究方法对先进测量体系数字化展开了深入的研究。具体而言，本书的技术路线如图 1–1 所示。

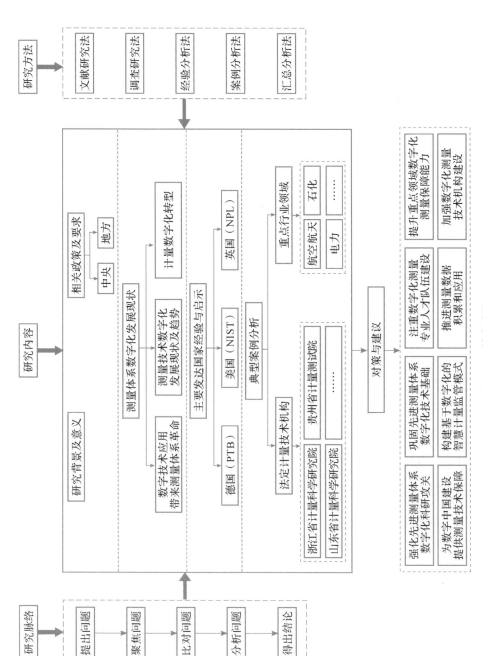

图 1-1　技术路线

第2章

数字化推动测量体系变革

第一节　先进测量体系发展历程

步入数字经济时代，先进测量体系作为推动数字经济发展的关键要素，正迅速融入数字时代，经历着由"有形"向"无形"的深刻转型。社会、经济和技术的发展扩大了对测量体系的需求，同时推动了测量技术、方法和计量立法的发展，国家现代测量体系从科学计量和法制计量两个方面逐步建立发展起来。整个先进测量体系发展主要分为以下三个阶段。

一、起源

19世纪工业和贸易的飞速发展，促使工业化国家统一各行各业的计量单位，全面建立国家计量基（标）准。19世纪末，工业化国家率先建立国家计量技术机构，建立保存国家计量基（标）准并提供量值传递，标志着现代科学计量体系的构建。量值传递的实现和国家的量值统一需要国家立法机构建立管理体制。工业化国家在建立国家计量技术机构的同时，对贸易计量器具建立了国家型式批准和检定证书制度，以法制管理的形式保证计量器具满足使用要求。法制计量从贸易领域逐步扩大到政府管制、医疗健康、安全和环境保护领域。1947 年，工业化国家开始对计量技术机构的能力进行考核和认可，以保证政府和公众对其从事法制计量工作能力的信任。

纵观古今，历史上几次技术革命都是以计量测试技术突破为前提的，创造了巨大的经济和社会效益（见图 2-1）。历次技术革命，制造业强国都从国家层面确立了计量在工业生产中的特殊地位，并将其作为国家核心竞争力的关键。

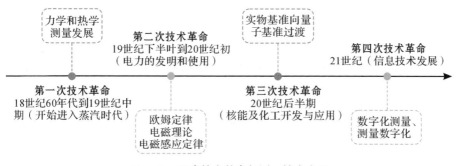

图 2-1　历次技术革命与测量技术发展

二、普及发展

一个国家的测量能力和水平在很大程度上反映了其科技、经济和社会发展的实际状况。要想促进整个工业质量水平提升，不断突破制约工业发展的核心技术和核心产品瓶颈，使经济保持协调可持续发展，就必须提升国家的整体测量能力，构建国家现代先进测量体系。

20 世纪五六十年代，从分散在各行业和各领域的计量体系到初步形成以科学计量体系和法制计量体系为主要内容的 NMS，各国相关行业和社会各界从不同角度阐述了 NMS 和 NMAMS 的概念。

当前，新一轮科技革命正在催生国际计量的重大变革，国际计量单位制被重新定义，世界测量技术的规则被重构，由此带来的影响将是广泛而深刻的，这也为解决传统测量体系的问题提供了重要的发展机遇。构建 NMAMS 是一项系统工程，长期以来，国内外专家学者围绕 NMS 和 NMAMS 的内涵、外延、理论模型等开展了较为深入的研究。

（1）概念定义

1967 年，基于对各种测量活动内在关联性的认识，Huntoon（亨通）在《科学》杂志上发表论文，最早提出了 NMS 的概念。他认为，用体系的概念可以更好地理解一国的测量活动。NMS 如同交通、教育、医疗、法律等社会系统，是一种特定的社会功能系统。此后，NMS 的概念逐渐为各国学者和政策制定者所接受。

1976 年，美国国家计量局（American National Metric Council，ANMC）进一步就 NMS 的概念进行了阐述，认为 NMS 是为了满足社会、公众和科技等领域描述、预测、联络和管理的客观测量需要，国家采用的具有知识性、实施性、技术性和管理性的活动和机构。其包括五个层次：量和单位的定义、实现量和单位定义的技术基础、保证各种测量准确的计量能力、量值传递体制和实施、最终用户的测量。

1999 年，英国国家物理研究院（National Physical Laboratory，NPL）将 NMS 的活动分为：研究建立和保存国家计量标准、保持各级计量标准符合要求、开展量值传递、制定技术法规，以及计量管理。

2002 年，欧盟在计量计划报告中对 NMS 的重要活动进行了基本分类：

国家计量院活动、法制计量机构活动、计量技术机构的认可、各种计量技术机构活动、计量器具制造、计量在工业中的应用以及计量在社会中的应用。

国际计量局（Bureau International des Poids et Mesures，BIPM）提出 NMS 由计量单位制、量值传递体系、计量法律法规、国家法制计量局、合格评定机构和合格评定程序的实施、国际合作构成。国际法制计量组织（Organisation Internationale de Métrologie Légale，OIML）提出 NMS 主要由计量行政管理、计量技术保障、计量法律法规三个方面组成。中国的计量行政主管部门将 NMS 主要划分为计量行政管理、计量技术保障、计量法律法规三个方面。

中国计量科学研究院研究员方向（2022）认为，NMS 是一个国家以国际单位制（SI）为原点、以国家量值传递溯源体系为基础建立起来的确保测量结果准确、可靠、一致和可溯源的体系，是校准和测试结果获得国际互认的基本条件。

国际单位制全面重新定义带来了重大发展机遇，催生了整个测量体系的全面创新。由此，以量子基准为核心、扁平化量值溯源为特征的现代先进测量时代得以开启。NMAMS 是以应用为导向、以国际单位制量子化变革为契机、以先进的技术和现代化的管理为核心的测量体系，是立足于国际比较和历史对比，凝聚计量发展过程中精华理念和优秀做法，呈现出计量基准量子化、计量单位数字化、量值传递扁平化、测量手段灵活化、计量空间开放化的特征，使过去传统的测量体系动态演进、不断进步的先进测量体系。

（2）理论模型研究进展

东北大学科技与社会研究中心邢怀滨等（2007）基于 NMS 的基本原理和各国的经验，提出了 NMS 的组织架构（见图 2-2）和 NMS 的运行机理（见图 2-3）。其认为，国家计量实验室和领域参考实验室为 NMS 提供技术基础，包括各级测量标准、测量方法以及仪器检定与校准的标准程序等技术性内容，其目的在于保证全国分析测量结果的有效性以及与国际标准的一致性。国家计量实验室主要负责国家最高基（标）准的确立、标准测量方法和标准数据的研究开发，提供国内最高溯源标准，承担量值传递，并参与最高国际比对，保证本国测量的准确可靠，并具有国际一致性。从运行角度看，NMS 包括技术基础、组织架构和制度安排三方面的内容，涉及各级实验室、政府、中介与服务机构等主体。

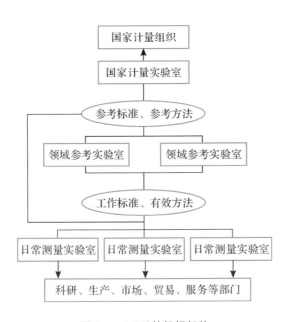

图 2-2　NMS的组织架构

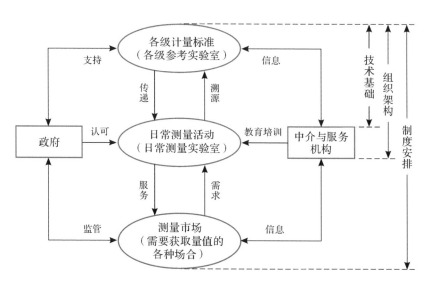

图 2-3　NMS的运行机理

国际标准化组织（ISO）原主席张晓刚（2020）提出了"主体—中介—客体"三核心要素的 NMAMS 理论模型。从实践的角度来看，NMAMS 的核心要素分为三类（见图 2-4）：一是测量活动的主体，即开展测量活动的机构或个人；二是测量活动的客体，即测量对象；三是测量活动的中介，即现代计量体系。

现代计量体系作为 NMAMS 的重要组成部分，其构成也可再细分为三个层面：一是计量基准、计量标准、标准物质等人类为保障测量单位统一和量值准确可靠而发明、制造和使用的各种计量器具；二是为确保这些工具有序和有效发挥作用而采取的各种手段（计量标准考核、计量器具型式评价、标准认证、计量检定、计量校准、计量比对等）；三是运行、使用这些工具手段的机构人员（计量行政管理人员、计量专业技术人员等）和计量规则（计量法律法规、计量技术规范等）。

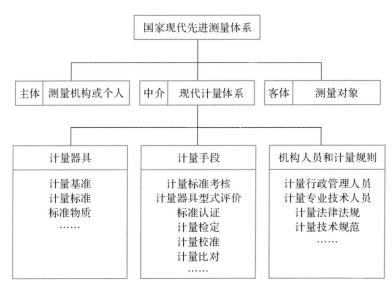

图 2-4　三核心要素NMAMS理论模型

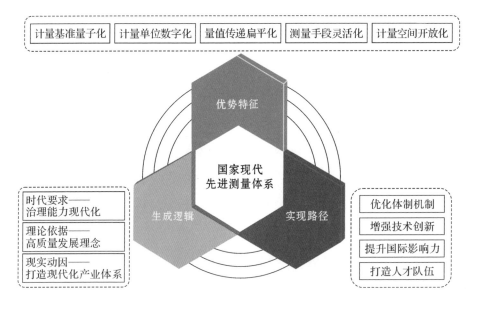

图 2-5　NMAMS的生成逻辑、优势特征和实践路径

中国计量科学研究院陈岳飞等（2020）在对 NMAMS 进行总结分析的基础上，厘清了 NMAMS 的生成逻辑、优势特征和实践路径，其中生成逻辑包括时代要求、理论依据与现实动因（见图 2-5）。

耿维明（2021）提出了国家产业计量测试体系与国家计量体系双轨并行的 NMAMS 理论模型。耿维明研究认为，NMAMS 是指战略性新兴产业、高技术产业、现代服务业、现代农业、传统产业等经济社会重点领域中的测量技术支撑体系，由国家产业计量测试体系和 NMS 共同组成（见图 2-6）。

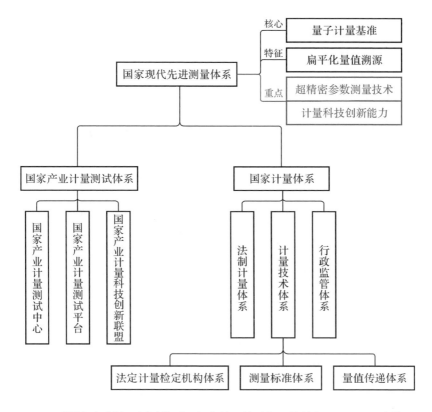

图 2-6 "国家产业计量测试体系—国家计量体系"双轨并行 NMAMS 理论模型

　　对于构建 NMAMS，耿维明认为其应重点考虑国家产业计量测试体系的建设，而国家产业计量测试体系由国家产业计量测试中心、国家产业计量测试平台和国家产业计量科技创新联盟三部分组成。一是国家产业计量测试中心。国家产业计量测试中心应包括关键参数超精密测量技术、关键共性技术等核心技术能力和核心服务能力，其中核心技术能力涉及关键参数测量技术能力和产业产品全寿命周期的计量保证服务、远程测量及现场计量集成控制等计量科技创新能力。二是国家产业计量测试平台。其以产业计量测试需求信息牵引为导向，以国家产业计量测试中心为依托，是通过牵头组织产业相关计量技术机构、重点实验室、高等院校、科研院所，以及骨干企业等优势单位的计量资源联合共建的合作平台。其具备为产业提供公共服务的功能，是国家产业计量测试服务体系的组成部分。三是国家产业计量科技联盟。该联盟以产业计量科技创新需求牵引为导向，以实现产业计量科技创新合作与协调发展为目的，以产业关键共性技术在产业领域广泛应用为重点，遵循"自愿、平等、合作、共赢"的原则，是以国家产业计量测试中心为依托，牵头组织产业内相关计量技术机构、重点实验室、高等学校、科研院所，以及骨干企业等优势单位的计量科技创新资源联合共建的联盟组织，是国家产业计量测试服务体系的组成部分。

　　1976—2022 年 NMS 和 NMAMS 相关概念演变情况如表 2-1 所示。

表 2-1　1976—2022 年 NMS 和 NMAMS 概念演变

年份	出版物	提出者	诠释
1976	—	美国国家计量局	NMS 由五个层次组成：量和单位的定义、实现量和单位定义的技术基础、保证各种测量准确的计量能力、量值传递体制和实施、最终用户的测量
1999	—	英国国家物理研究院	NMS 的活动分为：研究建立和保存国家计量标准、保持各级计量标准符合要求、开展量值传递、制定技术法规，以及计量管理
2002	《计量计划报告》	欧盟	NMS 的活动分为：国家计量院活动、法制计量机构活动、计量技术机构的认可活动、各种计量技术机构活动、计量器具制造、计量在工业中的应用，以及计量在社会中的应用
2007	《建设国家测量体系的理论分析与政策建议》	东北大学科技与社会研究中心邢怀滨等	从运行角度看，NMS 包括技术基础、组织架构和制度安排三方面的内容，涉及各级实验室、政府、中介与服务机构等主体
2020	《国家现代先进测量体系的基本内涵、生成逻辑及实现路径》	中国计量科学研究院陈岳飞等	明确 NMAMS 的生成逻辑、优势特征和实现路径
2020	《由对现代先进测量体系和现代计量体系关系思辨引发的思考》	国际标准化组织原主席张晓刚	NMAMS 核心要素分为三类：一是测量活动的主体，即开展测量活动的机构或个人；二是测量活动的客体，即测量对象；三是测量活动的中介，即现代计量体系

续表

年份	出版物	提出者	诠释
2021	《关于构建国家先进测量体系的设想》	耿维明	NMAMS 是指战略性新兴产业、高技术产业、现代服务业、现代农业、传统产业等经济社会重点领域中的测量技术支撑体系。其由国家产业计量测试体系和 NMS 共同组成
2022	《全面开创计量科技创新战略发展新局面》	中国计量科学研究院方向	NMS 是一个国家以国际单位制为原点、以国家量值传递溯源体系为基础建立起来的确保测量结果准确、可靠、一致和可溯源的体系，是校准和测试结果获得国际互认的基本条件
—	—	国际法制计量组织	NMS 由计量行政管理、计量技术保障、计量法律法规三个方面组成

三、数字化发展

2018 年 11 月 16 日，第 26 届国际计量大会通过了以基本物理常数重新定义国际计量单位的决议，新定义主要利用"自然法则创建测量法则"，将原子及量子级的测量与宏观世界的测量关联在一起。国际单位制的重新定义彻底改变了人类测量活动采用实物基准的历史，世界测量技术规则将被重构。自此以后，所有的测量活动将不再依赖于实物基准，而是依赖特征物理量和网络传输，同时，依托准确的时间基准，无处不在的准确测量得以实现，这是对整个测量体系的全面创新。这样的变革给人类带来了极大的机遇和挑战，意味着以量子基准为核心的现代先进测量数字化时代已经到来。

先进测量数字化时代的大背景，使得数字计量成为全球计量领域研究的热点。从 2018 年开始，国际计量委员会（CIPM）、BIPM/CIPM-OIML/CIML（国际法制计量委员会）联合任务组、欧洲计量合作组织（EURAMENT）和美洲计量组织（SIM）等多个国际组织成立计量工作小组，将计量数字化作为重点任务，开展一系列研究和合作。

美国、德国、英国、日本等发达国家都在研究和布局以量子计量基础为核心、扁平化量值溯源为特征的新一代 NMS，但各国侧重点也有所不同。美国强调标准参考数据（standard reference data，SRD）在 NMS 中的重要作用；英国更看重国家质量基础设施（national quality infrastructure，NQI）的协同效应；德国则以国家计量院为核心，发挥其在科学计量、产业计量和法制计量中的领导地位和枢纽作用。从当前研究成果来看，PTB（德国联邦物理技术研究院）和 NPL 已经开发了数字校准证书（digital calibration certificate，DCC），正在收集有关校准的标准化元数据和数据。（美国国家标准与技术研究院）正在着手计量云的开发。

近年来，我国计量数字化建设加速推进，数字计量政策文件陆续出台，全国各省份部署落实工作有序进行。2021 年 3 月，《中华人民共和国国民经济和社会发展第十四个五年规划和 2035 年远景目标纲要》提出"加快数字化发展、建设数字中国"的目标；2021 年 12 月，国务院发布的《"十四五"数字经济发展规划》提出"形成统一公平、竞争有序、成熟完备的数字经济现代市场体系"的目标；2022 年 1 月，市场监管总局联合各部门共同研究制定的《关于加强 NMAMS 建设的指导意见》提出"到 2035 年……测量对我国经济社会高质量发展的贡献水平显著提升"的目标，这些都为我国数字计量的发展指明了方向。

　　无论国内还是国外，在贸易、零售、医疗、教育、交通、金融和政务等多个领域中，生产、消费或管理必将依赖数字化而深度融合。由智能设备、大数据、物联网、区块链、人工智能、数字孪生等技术生成的大量信息丰富的数据和算法，将成为驱动经济增长的关键生产要素，用于经济社会众多领域的分析、决策和行动。这些生产要素在计量领域也面临着诸如数字鸿沟、数字安全、数据产权、算法正确性、算法共谋等带来的挑战，包括计量术语不明确、计量技术规范缺失、数据可信度较低、算法正确性和结果的客观公正性无法保证等问题。因此，为了解决新一代信息技术变革而催生的新型计量问题，保障数字经济时代测量的准确性、一致性和可信度，支持我国在数字时代建设数字中国，保障数字经济的健康发展，大力开展数字计量研究，具有重要的意义。

　　从 NMS 概念的演变可知，各国对于 NMS 的认识从最初的实物测量不断发展到使用物理量和网络传输进行量子传递，同时，虽然 NMAMS 的定义较为模糊，学术界及一些国际组织仍在不断拓展 NMAMS 的内涵，各国对于"先进测量"有不同的定义，研究的重点也各有不同，但是这并不影响各国先进测量体系数字化的发展。量子化变革使得测量体系正在从"有形"向"无形"转变，所有测量体系相关内容，如测量技术、计量数据、计量基准等都在向着数字化、智能化、网络化方向发展，这将成为未来先进测量体系发展的重要趋势，需要各国及各相关组织不断地探索和持续开展研究。

第二节　测量体系数字化发展态势

伴随着世界科技迅猛发展和经济形势演变，各领域对计量的需求超出预料，计量科技正以前所未有的态势，在测量对象、测量方法、测量准确度、动态与静态测量、极端量测量，以及测量参数的丰富性上飞速发展。当前，国际测量体系数字化主要呈现以下几方面发展态势。

一、国际单位制为测量体系数字化带来机遇与挑战

（1）国际形势

国际单位制是全球统一的计量单位制，是构成国际计量体系的基石。国际单位制的核心是 7 个基本单位，即时间单位"秒"、长度单位"米"、质量单位"千克"、热力学温度单位"开尔文"、电流单位"安培"、发光强度单位"坎德拉"和物质的量单位"摩尔"。

自 1971 年以来，这 7 个基本量一直作为国际单位制的基本单位，而在 2018 年，量子技术与互联网技术相结合，国际单位制被重新定义。第 26 届国际计量大会通过了关于修订国际单位制的决议，国际单位制 7 个基本单位中的 4 个，即千克、安培、开尔文和摩尔将分别改由普朗克常数、基本电荷常数、玻尔兹曼常数和阿伏伽德罗常数来定义；米、秒和坎德拉的定义仍由真空光速 c、铯 –133 原子基态的超精细能级跃迁频率 Δv（Cs）和发光效率 K_{cd} 定义。其中，单位赫兹、焦耳、库仑、流明、瓦特的符号为 Hz、J、C、lm、W，与单位秒（s）、米（m）、千克（kg）、安培（A）、开尔文（K）、摩尔（mol）、坎德拉（cd）相关联，相互之间的关系为 $Hz = s^{-1}$，$J = kg \cdot m^2 \cdot s^{-2}$，$C = A \cdot s$，$lm = cd \cdot m^2 \cdot m^{-2} = cd \cdot sr$（球面度），

$W = kg \cdot m^2 \cdot s^{-3}$。

在新的定义方式中，基于普朗克常数、玻尔兹曼常数、阿伏伽德罗常数、电子电量等物理常数没有测量不确定度的固定值，各常数之间存在清晰明确的依赖关系，这些常数的测量不确定度转移至相关物理量中，国际千克原器、水的三相点等量值的测量不确定度增大。表 2-2 为 SI 中 7 个基本单位新旧定义对比，表 2-3 给出了定义 SI 基本单位的 7 个定义常数及数值。SI 的重新定义，是人类利用自然法则创建测量规则的又一次重大变革，世界测量技术规则自此被重构，将改变国际计量体系的现有格局并有力支撑新一轮工业革命，还将引发测量仪器仪表产业的颠覆性创新发展。

与第 26 届国际计量大会聚焦国际单位制的历史性变革相比，2022 年 11 月 15—18 日举办的第 27 届国际计量大会更体现出国际米制公约组织对于未来计量科学发展的前瞻性谋划。此次大会表决通过了 7 项重要决议，表 2-4 给出了大会的决议内容，这为未来计量科学的发展指出了新的发展战略。

表 2-2　基本单位新旧定义对比

单位名称	单位符号	新定义	旧定义
米	m	当真空中光的速度 c 以单位 $m \cdot s^{-1}$ 表示时，将其固定数值取为 299 792 458 来定义米，其中秒用 Δv（Cs）定义	米是长度单位，等于光在真空中 1/299 792 458s 的时间间隔内所经路程的长度
千克	kg	当普朗克常数 h 以单位 $J \cdot s$，即 $kg \cdot m^2 \cdot s^{-1}$ 表示时，将其固定数值取为 $6.626\,070\,15 \times 10^{-34}$ 来定义千克，其中米和秒用 c 和 Δv（Cs）定义	千克是质量的单位，等于国际千克原器的"质量"

单位名称	单位符号	新定义	旧定义
秒	s	当铯的频率 Δv（Cs），即铯 –133 原子基态的超精细能级跃迁频率以单位 Hz，即 s^{-1} 表示时，将其固定数值取为 9 192 631 770 来定义秒	秒是铯 –133 原子在其基态的两个超精细能级之间跃迁时辐射的 9 192 631 770 个周期的持续时间
安培	A	当基本电荷 e 以单位 C，即 $A \cdot s$ 表示时，将其固定数值取为 $1.602\,176\,634 \times 10^{-19}$ 来定义安培，其中秒用 Δv（Cs）定义	安培是电流单位，在真空中，截面积可忽略的两根相距 1 米的无限长平行直导线内通以等量恒定电流时，若导线间相互作用力在每米长度上等于 2×10^{-7} 牛顿，则每根导线中的电流为 1 安培
开尔文	K	当玻尔兹曼常数 k 以单位 $J \cdot K^{-1}$，即 $kg \cdot m^2 \cdot s^{-2} \cdot K^{-1}$ 表示时，将其固定数值取为 $1.380\,649 \times 10^{-23}$ 来定义开尔文，其中千克、米和秒用 h, c 和 Δv（Cs）定义	开尔文是热力学温度单位，等于水的三相点热力学温度的 1/273.16
坎德拉	cd	当频率为 540×10^{12}Hz 的单色辐射的光视效能 K_{cd} 以单位 $lm \cdot W^{-1}$，即以 $cd \cdot sr \cdot W^{-1}$ 或 $cd \cdot sr \cdot kg^{-1} \cdot m^{-2} \cdot s^3$ 表示时，将其固定数值取为 683 来定义坎德拉，其中千克、米、秒分别用 h, c 和 Δv（Cs）定义	发出频率为 540×10^{12}Hz 辐射的光源在指定方向上的辐射强度为 1/683W/sr 时在该方向的发光强度
摩尔	mol	1 摩尔精确包含 $6.022\,140\,76 \times 10^{23}$ 个基本单元。该数即为以单位 mol^{-1} 表示的阿伏伽德罗常数 N_A 的固定数值。一个系统的物质的量，符号 n，是该系统包含的特定基本单元数的量度。基本单元可以是原子、分子、离子、电子及其他任意粒子或粒子的特定组合	摩尔是一系统的物质的量，该系统中所包含基本单元数与 0.012 千克 ^{12}C 的原子数目相等。使用摩尔时，基本单元应予以指明，可以是原子、分子、离子、电子及其他粒子，或是这些粒子的特定组合

表2-3   SI 基本单位的 7 个定义常数及其数值

定义常数	符号	数值
Cs 超精细能级跃迁频率 /Hz	$\Delta v\,(\mathrm{Cs})$	9192631770
真空光速 /（m·s^{-1}）	c	299792458
普朗克常数 /（J·s）	h	$6.62607015 \times 10^{-34}$
基本电荷 / C	e	$1.602176634 \times 10^{-19}$
玻尔兹曼常数 /（J·K^{-1}）	k_B	1.380649×10^{-23}
阿伏伽德罗常数 /（mol^{-1}）	N_A	$6.02214076 \times 10^{23}$
发光效率 /（lm·W^{-1}）	K_{cd}	683

表2-4   第 27 届国际计量大会决议内容

序号	内容
决议 1	CIPM 编写的"新兴计量需求"报告。报告对《CIPM 战略 2030+》进行了解读。《CIPM 战略 2030+》提出了全球计量界需要共同应对的七大"新兴计量需求"，包括气候变化与环境、健康与生命科学、食品安全、能源、先进制造五大领域及数字化转型和"新"计量两大主题，并提出了在这些领域强化国际计量合作的行动计划
决议 2	论全球数字化转型与国际单位制。鼓励 CIPM 建立和推广 SI 数字框架，包括建立一套全球认可的 SI 数字化表示方法、促进数字证书在国际计量互认制度中的使用，以及将 FAIR 原则（findability-accessibility-interoperability-reusability，可发现、可访问、可互操作、可重用）应用到数字化计量数据和元数据中
决议 3	关于扩展 SI 词头范围。决定增加四个新的 SI 词头，以满足超大科学数据的表达需求： 表格如下

数量级	词头	符号
10^{27}	ronna	R
10^{-27}	ronto	r
10^{30}	quetta	Q
10^{-30}	quecto	q

续表

序号	内容
决议 4	关于协调世界时（UTC）的使用和未来发展。针对引入闰秒带来的 UTC 不连续、引入方法不统一，以及由此可能导致的全球卫星导航系统、电信设施等重要数字基础设施出现故障等问题，该决议决定在 2035 年前将（UT1–UTC）的最大可接受值扩大，例如允许 100 年差 1 分钟或者数千年差 1 小时，从而使 UTC 成为一个连续的国际时标
决议 5	关于秒的重新定义。该决议鼓励 CIPM 宣传重新定义秒的重要性，并就实现秒的重新定义作进一步准备
决议 6	关于普遍加入《米制公约》。该决议期望研究提出促进各国普遍加入《米制公约》的行动计划，加快构建真正覆盖全球的国际计量体系
决议 7	BIPM 会费（2024—2027 年）。该决议通过了 2024 年 BIPM 会费总额和此后三年的增长幅度

（2）机遇与挑战

国际计量体系的变革意味着传统测量体系将发生质的变化。

一是实现量值传递溯源链扁平化，使量值溯源链条更短、速度更快、测量结果更准、更稳；二是催生新的测量原理、测量方法和测量仪器，集多参量、高精度于一体的芯片级综合测量，不受环境干扰无须校准的实时测量，众多物理量、化学量和生物量的极限测量等成为可能，测量仪器仪表形态实现全面创新；三是计量基准可随时随地复现，无处不在的精准测量直接促进市场公平交易、推动精准医疗、提升环保效能等。

这些变化都以国际单位制变革为契机，进一步促进社会诚信建设、降低社会管理成本，惠及人类生产生活的方方面面，实现社会的发展进步。同时，现代先进测量体系数字化发展的新征程全面开启。

随着现代科学技术进步特别是量子物理学的快速发展，用基本物理常数来重新定义国际单位制中的大多数基本单位，能够得到不再随时间空间变化的"永久性"标准，使国际单位制得到显著改善，已成为国际计量科技的发展趋势。这是自 1960 年 SI 建立以来前所未有的重大变革，对于整个世界计量界乃至社会各个领域的测量准确度将产生深远的影响。传统上，各国均采用实物基准复现国际单位量值，且其传递方式均是按照传递系统表逐级传递，不仅造成各国基准量值受到温湿度等环境条件和物质本身随时间而变化的影响，而且在量值传递过程中因分级造成测量精度损失，造成实际用户具有的测量精度与最高基准量值的测量相比出现较大的偏差。自 2019 年 5 月 20 日起国际单位制中的基本单位量值已采用基本物理常数来复现。新的量值不再受环境和时间影响，同时传递方式可实现扁平化，借助互联网，测量量值可直接传递到用户，减少了分级传递带来的精度损失。因此，量子基准和基本物理常数测量是目前国际计量前沿研究的两个方向，是目前发达国家重点投入的研究领域。

二、战略性新兴产业发展对测量体系数字化提出新的要求

（1）国际形势

科技要发展，测量须先行。从历史的角度来看，历次技术革命都是以测量测试技术突破为前提的，创造了巨大的经济社会效益。因此，测量作为科技创新的重要驱动力，在国家层面具有特殊的重要地位，是核心竞争力的象征之一。近年来，量子科技引领的新一轮科技革命和产业变革，以及贸易、工业和社会的发展对测量体系数字化提出了新要求。测量科技对支撑人类社会发展、保障国民经济发展各方面的质量至关重要，特别是在一些能够促进经济持续发展、提高生活质量的应用新领域（食品安全、环

境保护、生物、能源、材料、医学等），测量科技将得以优先发展。

对气候变化的监控要求准确测量温度、温室气体含量以及海水含盐量等指标，需要建立高准确度和高稳定性的计量基（标）准和溯源体系。纳米材料的发展及其在航空、航天和安全保障领域的应用，也要求其具有超高准确度和可溯源性；在医学领域，诊断和安全有效的治疗，都需要准确可靠、可互认的测量数据支持。以美国为例，美国国家标准技术研究院以促进国家创新、提升工业竞争力为使命，紧密围绕测量科学前沿领域和国家重点发展战略开展持续而深入的研究工作，开展的重点项目包括：智能电网技术，太阳能及存储等先进能源技术，绿色节能建筑测量和标准；纳米技术相关的环境、健康和安全测量与标准；医疗信息技术，支撑医疗领域创新的测量标准和测量技术；信息技术安全等。

（2）产业计量发展形势

计量强国是科技强国和质量强国的必经之路。在新形势下，新一代科技革命与产业变革在不断推动着国际现代先进测量体系的发展，各国都在不断抢占国际计量科技前沿技术，不断优化自身的测量体系，使其自身拥有领先全球的计量科技水平和先进、严格的测量控制能力，其目的就是能够更快地在国际上拥有一定优势和地位，提升国际话语权与影响力。

因此，高技术国家越来越意识到测量科学是一切科学发展的基础和重要保障，测量科学全面发展依赖先进测量器具、测量技术以及相关基准乃至技术协议的建立和发展。所以，各国除了在战略上提出相关部署之外，也相继开展了探索性的研究。

以中国为例，为了满足产业发展的需求、解决部分瓶颈问题，我国陆续在航空航天、轨道交通、海洋装备、精密机械、新能源、新材料等产业领域批准筹建了多个国家产业计量测试中心，以计量杠杆撬动对产业发展难点痛点的攻克，不断加强计量测试技术、方法和设备的研究和应用，努力服务产业创新发展和质量提升，得到了社会各方的广泛关注和认可。不仅如此，在 2022 年 5 月 20 日"世界计量日"纪念大会上，市场监管总局正式宣布成立全国数字计量技术委员会和全国人工智能计量技术委员会，两个委员会的成立主要是为了支持我国数字技术和人工智能技术的创新发展，推动各专业领域数字量具（参考数据）、智能量具（认知标准）的建立和使用，向市场监管总局提出综合性、通用性及特殊领域的国家计量技术规范的制定、修订和宣传贯彻的建议，组织全国产、学、研、用各领域的计量学、信息科学、数学、脑科学、心理学等学科专家人才，共同研究和探讨数字世界及人工智能领域中的计量问题，提升我国数字计量及人工智能计量技术规范编制质量，规范我国计量数据的溯源途径和技术方法，保障数字领域计量量值的单位统一、准确可靠，确保智能评价方法可信度和一致性。

可以看到，支撑战略性新兴产业的发展需要进一步完善国家先进测量体系。其原因在于，计量的任务是保证全国计量量值的准确一致，计量体系是工业测量体系的基础，工业测量体系将支撑我国战略性新兴产业对测量数据准确可靠的庞大需求，解决战略性新兴产业发展中所涌现出的大量战略性、前沿性和"卡脖子"计量测试技术难题。未来，量子测量技术的发展将使计量基准可随时随地复现，量值传递溯源链路实现扁平化，量值溯源链条更短、速度更快、测量结果更准更稳，嵌入式芯片级量子计量基准能够更准确地控制产品制造全过程，有力支撑流程再造、节能减排和质量提升等。以国际单位制的量子化为标志的测量测试技术变革，必将极大地推动我国战略性新兴产业的发展，为当前世界范围内正在进行的新一轮以大数据和人工智能为特征的科技革命插上"飞翔"的翅膀，为我国实施科技强国战略、成为工业制造强国创造新的机遇。

三、全球一体化深化了基于数字化测量体系的国际互认与合作

（1）国际形势

在世界经济日益全球化的今天，国际合作更加深入、广泛。标准、计量、认证认可、检验检测等 NQI 核心要素，是各国企业、产品、装备、产能等"走出去"的"敲门砖"。而在 NQI 中，计量是国际公认的 NQI 的重要组成部分，推动 NQI 互联互通和国际互认，实现"一个标准、一次测试、一张证书、全球通行"，是增强投资贸易互信与经济高质量发展的内在要求。

在贸易全球化的形势下，由检测数据的不互认和标准、认证方式的不一致构成的技术性贸易壁垒已成为影响世界贸易的主要问题之一。受 WTO 委托，国际计量委员会于 1999 年发起了《国家计量基（标）准互认和国家计量院签发校准与测量证书互认》（CIPM MRA）协议的签署活动，建立了国际计量互认体系。目前，国际互认协议（mutual recognition agreement，MRA）正在顺利实施，影响面日益扩大。签署该协议的国家和经济体的贸易额已超过全球贸易总额的 90%，而且它在消除贸易技术壁垒方面的作用得到了越来越广泛的认可，有效避免了跨地区溯源的高额成本所导致的产品、服务价格上升以及竞争能力下降，为跨国投资和生产提供便利、一致、有效、经济的计量保证。例如，某公司在国外建的组装车间，需要完整的量值统一服务，否则各地生产的零件无法组装，而该国无法提供可靠的量值传递服务，就只能将仪器设备送回国内进行量值溯源，这样既无法保证

检测周期，又增加了检测费用，造成成本上升、竞争力下降。因此，在 MRA 的框架下，各国计量技术机构努力提高实验室测量能力，积极参加国际比对，实现校准与测量证书国际互认，减少国际技术性贸易壁垒。这使计量在国际贸易和促进经济全球化中发挥着愈加重要的作用。

（2）互认合作发展状况

部分国际计量组织已经制定了相关计量数字化战略并寻求合作，共同开展计量数字化转型工作。如：2018 年，CIPM 制定了"2030+ 战略"，并成立了"Digital-SI"任务组，在全球范围内进行计量数字化转型的研究与合作；BIPM/CIPM-OIML/CIML 联合任务组积极寻求与质量基础设施领域的所有利益相关方的密切合作，共同开展法制计量、工业计量以及科学计量的数字化转型工作，并通过使用数字化国际单位制和 FAIR 数据准则推动全球计量数字化转型进程；EURAMENT 成立了 M4D 计量数字化转型工作组；SIM 则成立了 M4DT 计量数字化转型工作组，致力于开展实验室流程自动化、计量云和数字校准证书的研究；OIML 正在研究如何将数字原理和实践纳入标准文件和技术法规，包括符合 FAIR 原则的数字符合性证书；BIPM 和 OIML 致力于各项活动和服务的转型；PTB 在全面数字转型战略的框架下汇编了所有必要的工具——从数字校准证书和虚拟测量仪器到研究数据管理，再到数字支持的测试和批准流程，同时还致力于进一步打造计量云，其基础是每个合作伙伴都可信赖的核心计量平台，通过合并现有基础架构和数据库来支持和简化监管流程，并为所有利益相关者提供一站式服务。PTB 正在开发与欧洲计量云的接口，该接口使存储在其中的设备数据通过完全数字化的过程提供服务，以集成 GAIA-X（欧盟联邦云项目）和数字质量基础设施（quality infrastructure-digital，QI-Digital）。

不仅如此，2018 年 11 月 30 日国际质量基础设施网络（International Quality Infrastructure Network，INetQI）在瑞士日内瓦举行成立会议，标志着国际质量基础设施网络正式诞生。该组织将国际层面开展计量、认证、标准化和合格评定活动的所有专门组织汇聚起来，加强相互间的合作交流，促进对质量基础设施的内涵认知、价值宣传和结果承认，为质量基础设施在全球的有效实施和融合提供指导和支持。

四、各国政府对于测量体系数字化的重视程度和投入力度普遍提升

（1）更加重视测量体系数字化

随着科学技术的快速发展和全球经济一体化进程的加快，测量对社会发展的贡献及计量基（标）准体系的建设受到了各国政府的高度重视。各国政府均将测量体系数字化研究以及测量能力的提升放在重要位置，使测量在整个国家的发展中具有超前技术条件储备，并且能够通过在世界范围内的国际关键比对，争取在国际计量体系中占主导地位，以保持在激烈的市场竞争中的优势。

近些年来，测量体系数字化被更多地关注和提及。如国际计量组织将 2022 年的世界计量日主题确定为"数字时代的计量"，倡议建立国际单位制数字框架，推进计量数字化转型，支撑数字经济健康发展；国际法制计量局局长安东尼·唐纳伦在 2022 年世界计量日的致辞中表明，数字化转型的基石之一是公开和透明的信息交换，测量体系数字化转型将最大限度地提高信息的使用效率，为人工智能的新应用奠定基础；中国市场监管总局在 2022 年 5 月 20 日世界计量日提出，要将数字计量放在最突出的位置，加快计量数字化的转型，加强计量和数字技术深度融合，使计量在数字经

济时代焕发出勃勃生机。

我国政府高度重视测量体系数字化发展，《中华人民共和国国民经济和社会发展第十四个五年规划和 2035 年远景目标纲要》、《计量发展规划（2021—2035 年）》（国发〔2021〕37 号）等重要文件中提出计量基础研究、计量重点应用、计量赋能高质量发展等多个测量数字化发展方向来支撑 NMAMS 的发展。为贯彻落实国家层面的政策要求，各地方政府也陆续发布相关实施方案，如：浙江省印发《〈关于加强 NMAMS 建设的指导意见〉实施方案》、河北省印发《关于贯彻落实〈计量发展规划（2021—2035 年）〉的实施意见》等，有针对性地对测量数字化发展作出了重要部署。

专栏 2022 年世界计量日致辞——数字时代的计量

数字技术应用正在为我们的世界带来一场革命。这场革命使得各类过程不断完善，也创造了很多新机遇。这对于当今社会而言，当属最令人振奋的一个趋势，反映出人们正经历着日新月异的变化。

数字化转型的基石之一是公开透明的信息交流。无论何时，只要出现信息需求，数据必须易于查找，并以可互用和可复用的格式获取。数据满足上述要求，才符合"FAIR"原则，即可发现（findable）、可获取（accessible）、可互用（inter-operable）、可复用（reusable）。这类数据才是可信的，可支持开放数据实践。

为了在新的数字世界中最大限度地提高信息的使用效率，所有信息源不仅应该人类可读，而且应该能被机器读取。在这种情况下，机器可以根据信息执行工作（即"机器可执行"），并为人工智能的新应用奠定基础。

只有不断完善全球质量基础设施以促进并使用新的数字技术，来生成和使用符合 FAIR 原则的数据，才能加快实现数字化转型的步伐。计量是关于测量的科学及其应用，其作为国家和国际质量基础设施的核心组成部分，已经在支撑新型数字经济的发展。

支持数字化转型行动的一个重要事例是国际计量委员会（CIPM）建立 SI 数字框架。该框架将以 SI 的核心表示为基础，涵盖基于 SI 手册的值、单位和不确定度等基本数据元素的议定格式。这将使各国家计量院、国际计量局（BIPM）以及相关组织充分利用基于 SI 核心表示的开放数据格式、软件工具及服务来开展新的计量服务。这些服务将使数据能够用于分析，提高数据质量，并提升数据透明度。SI 数字框架的成果将呈现为新的数字应用，这些应用将在更广泛的计量界和基于 SI 的研究领域中得到研发和有效利用。

数字计量框架实现工业和消费应用，对实现包容的、可信赖的数字化转型而言是不可或缺的。国际法制计量组织（OIML）正在研究如何将数字原理和实践纳入标准文件和技术法规，包括符合 FAIR 原则的数字符合性证书。计量的数字化转型将让我们的世界获益。例如，可以缩短计量产品和服务的上市时间，减少审批流程带来的延迟，由此推动创新发展、提升产品灵活性和可持续性。

对于 BIPM 和 OIML 而言，实现数字化目标的过程将分为两步走：一是各项活动和服务的"转型"，二是由此为所有测量数据的用户提供数字基础。这将是一场循序渐进、趣味无穷的旅程，我们也期待与各利益相关方多多分享。

——国际计量局局长与国际法制计量局局长

（2）加大对于测量体系数字化的投入力度

各国政府普遍大幅度地增加对本国计量基（标）准体系数字化的投入，美、英、德三国稳居国际计量界第一梯队。自 2008 年全球金融危机爆发后，美英等发达工业国家虽然在缩紧国家财政支出，但是却不断加大对计量科技的投入，直指纳米新材料、云计算、物联网、智能制造、生物医药以及新能源等未来产业领域，尤其是美英等国自实施“再工业化战略”以来，从国家层面对计量发展能力作出新的战略布局，其通过计量科技领先来保持国家竞争力和领导力的战略意图更加明显。据有关统计，美国制造企业每年用于测量的投入约占工业产值的 6%。纵观世界各国，计量科研能力比较强的国家，其制造业水平都相对较高。德国联邦物理技术研究院、美国国家标准与技术研究院和英国国家物理实验室等，作为已经有 100 多年历史的研究机构，在计量创新上先后提出了对应的方案。

第三节　测量体系数字化发展特征

NMAMS 以应用为导向，以国际单位制量子化变革为契机，以先进的技术和现代化的管理为核心，立足于国际比较和历史对比，凝聚计量发展过程中的精华理念和优秀做法。随着传统的测量体系不断转变和进步，计量作为测量及其应用的科学，也在加速步入数字时代，正在发生从“有形”

到"无形"的历史性变革。从单位制看，量子化变革使国际单位制 7 个基本单位的"有形"实物定义全面退出历史舞台，基于物理常数的"无形"方法定义，为测量发展开辟了广阔空间。从测量原理看，"传感器 + 软件"测量方法应用广泛，"无形"的算法和"有形"的传感器一样成为决定测量结果准确与否的关键。从计量器具看，智能化、网络化和嵌入式、芯片化成为计量器具发展的方向，越来越多的应用场景中"有形"的传统计量器具已不复存在，测量和校准成为智能化系统平台的自带功能。在工业制造和交通、电力、环保等领域，计量器具在线联网成为一种趋势，为"无形"的计量数据的采集、流动创造了条件。在计量科技创新发展的新形势下，NMAMS 呈现出测量基准量子化、测量单位数字化、量值传递扁平化、测量手段灵活化和计量空间开放化等特征。

一、测量基准量子化

测量基准是保证计量工作可以顺利进行的基础，在测量基准发展过程中，为克服传统实物基准的缺陷和提升量值准确性，量子化的测量基准逐渐被采用。所谓测量基准量子化，是指用原子能级跃迁出现的量子化效应设计并确定计量基准，目的是保持计量基准具有超高的准确度、超强的稳定性，以满足智慧计量时代的精准需求。为了紧跟高质量发展的时代步伐，NMAMS 的构建以实现测量基准量子化为发展目标，凭借测量基准量子化来打造现代化产业体系。而实现测量标准量子化应该在增强计量基准的自主可控能力、创新计量基准全链条管理机制、加强标准物质监管能力建设和共性关键技术研究、建立标准物质量值验证和质量追溯等方面下功夫，上述能力的增强不仅能提高测量的准确度，引发技术产业的革命性创新发展，而且还能形成先进的多级全球测量量值中心或区域计量中心并开展量值传递溯源，实现整个宇宙范围内通用，引领人类的步伐迈向地球之外的广阔空间。

二、测量单位数字化

随着数字化时代的到来，数字技术正在彻底改变我们的生活，从大数据、云计算到人工智能，新一代数字技术发展日新月异，各领域也都在紧跟数字化的步伐，追求数字化所带来的便利和高效，以精准著称的测量工作正需要数字化的支持。CIPM 建立 SI 数字框架用于支持测量数字化转型，该框架以 SI 的核心表示为基础，涵盖基于 SI 手册的值、单位和不确定度等基本数据元素的议定格式。这将使各国家计量院、国际计量局以及相关组织得以充分利用基于 SI 核心表示的开放数据格式、软件工具及服务来开展新的测量服务。因此，数字测量的重要性更为突出，加强测量和数字技术的深度融合，追求测量单位的数字化转型，不但对量值、测量仪表、国际温标等技术创新有着重要影响，而且还为一国的数字经济发展夯实测量基础。NMAMS 所追求的测量单位数字化，将促进工业技术产业的技术创新，并进一步推动产业领域的纵深化发展。

三、量值传递扁平化

量值传递是指通过对测量仪器的校准或检定，将国家测量标准所实现的单位量值通过各等级的测量标准传递到工作测量仪器，以保证测量所得的量值准确一致的活动。目前大多数的量值传递工作是由基准级至标准级再至工作级计量器具的科层式链条完成的。SI 数字框架实施以后，量值传递体系由科层式向扁平化转变，量值传递可直接由基准器具传至工作计量器具，推动以量子物理为基础的高准确度、高稳定性测量基准、测量标准建设。量子传感器和芯片级计量技术、新型量值传递溯源技术研究进程加快，具有典型量子化特征的测量仪器设备的研制，测量标准和测量参数传递数字链路的建立，推动了量值溯源扁平化发展。NMAMS 量值传递扁平化这一特点会减少传递的层级与次数，从而节约相关成本。

四、测量手段灵活化

测量手段灵活化是 NMAMS 的显著特征，其将从客观上推动测量工作更快更好地进行。由于测量涉及每个领域的方方面面，随着高质量发展目标的提出，测量服务供不应求的问题更加明显。所以单由政府部门提供测量服务难以满足社会、市场的需求，第三方测量主体应运而生，使得测量手段更加灵活与多元。第三方测量主体除了采用传统的测量方式，还通过吸引人才与技术突破，把信息技术引入测量领域之中，形成网络化与数据化的测量方式。因此，测量手段灵活化也带来了先进的测量技术。测量技术的先进化是对测量技术创新性的探索，是对高端精密测量核心器件、核心算法和核心产品的突破。测量技术的先进化可解决当下影响高质量发展的普遍性和关键性测量难题，提出有针对性的解决措施和路径。同时，对重大项目和重点工程的测量能力和水平也将进一步提升，进而服务经济社会高质量发展。

五、计量空间开放化

计量是物质交换的基础条件，服务于我们的衣食住行各个方面。随着社会的不断发展，人类知识体系的不断完善，对未知领域的探索不断加快，计量服务的空间领域也逐渐扩大。例如，在海洋开发领域，国家海洋油气资源开发装备产业计量测试中心顺利通过验收，其以海洋油气资源开发装备产业需求为导向，在产业全溯源链、全寿命周期、全产业链及前瞻性研究过程中，发挥计量的优势和作用，提供专业的服务。在航空航天领域，"千乘一号"卫星发射成功入轨的背后就是中国航天科工集团二院 203 所为其提供了计量保障，对卫星发射的地面监测站电磁环境进行监测和评估，保障卫星发射工作正常进行。计量空间开放化是 NMAMS 不可逆转的大趋势。

计量不仅是科学技术的基础、社会进步的基石、公平贸易的依据，更是推动经济发展效率变革、动力变革的重要活动，尤其是在产业转型升级方面，更需要传统计量体系在管理思路和模式上有新的变革。由此可见，NMAMS 的构建将是大势所趋，现代先进测量体系的优势和特征不仅会带来先进的测量技术和现代化的管理方式，而且将不断服务经济社会的发展，成为国家核心竞争力的重要标志。

第3章

测量技术数字化发展概况

数字化测量技术是自动化、信息化高速发展过程中，根据高精度、快速、复杂对象、动态等测量要求而产生和发展起来的一项高新科学技术。这项技术的发展与电子技术、计算机的发展密切相关，特别是半导体技术的发展不断提供各种优良的元器件，大大促进了数字化测量技术的进步。

自 1952 年世界上第一台数字电压表问世以来，数字仪表所用的器件经历了从电子管、晶体管、集成电路到大规模集成电路、专用集成电路的演变历程。20 世纪 70 年代由于微处理器和微型计算机的出现，仪器仪表发生了革命性的变化。微处理器或微计算机装在仪器中，参与测量控制和数据处理，大幅改变了测量仪器面貌，扩展了仪器的功能，提高了各项性能指标。此即微机化测量仪器，或智能测量仪器。

数字化测量原理、方法及仪器结构全都不同于传统的测量方法与指针式仪表，其具有测量速度快、精确度高、操作方便等优点。尤其重要的是，数字化测量将被测量转换成数字量后，可直接将其传输到计算机中进行数据处理或实时控制。

数字化测量所涉及的应用领域非常广泛，既有智能传感器与检测电路，又有数字化仪表、智能仪器、智能传感器系统、数据采集系统和测控系统。目前，数字化测量技术已被广泛用于工业、交通、通信、军事、金融、文教、民生等相关领域，成为高精度、高速率、高抗扰、实时测量及自动控制的最佳选择和可靠保证，大幅提升了测量技术整体水平。

第一节　现代化测量技术数字化发展现状

一、测量精确度不断提高，测量范围不断扩大

在 20 世纪后 50 年，一般机械加工精度由 0.1 mm 量级提高到 0.001 mm 量级，相应的几何量测量精度从 $1\,\mu m$ 提高到 $0.001\,\mu m$—$0.01\,\mu m$，其间测量精度提高了 3 个数量级，这种趋势将进一步持续。随着微机电系统、微 / 纳米技术的兴起与发展，以及人们对微观世界探索的不断深入，测量对象尺度越来越小，达到了纳米量级；而随着大型、超大型机械系统（电站机组、航空航天制造）、机电工程制造、安装水平的提高，以及人们对于空间研究范围的扩大，测量对象尺度越来越大，导致从微观到宏观的尺寸测量范围不断扩大，目前已达 10^{-15}—10^{25} 的范围，相差 40 个数量级之巨。

对精密测量相关技术和仪器的探索正在持续进行。技术方面，清华大学在超导量子系统中首次利用玻色量子纠错编码来提升量子精密测量的灵

敏度。该技术应用于实验室读取微波谐振腔中光场态的相位信息。探测过程中，在单次实验时多次使用近似量子纠错操作并跟踪错误发生次数，从而增强量子精密测量的测量灵敏度，降低在接收腔内由环境噪声引起的光场叠加态的退相干影响。仪器方面，精密测量的典型代表则是原子钟，从1948 年第一台原子钟诞生到 21 世纪，原子钟已经实现芯片级跃升，能耗大幅降低的同时，稳定性和精密性得到极大优化，进入商业化推广阶段，目前已运用于对时间精确度要求比较高的系统上，比如卫星导航系统，它主要利用测量时间来测距，最后达到导航定位的目的。时间测量则主要依赖于卫星和地面站放置的原子钟。原子钟如同卫星导航系统的心脏，其精准与否直接影响卫星定位、测速和授时精度。

二、测量对象复杂化、测量条件极端化

人类探索领域的不断拓展导致了测量对象复杂化、测量条件极端化的趋势。有时需要测量的是整个机器或装置，参数多样且定义复杂；有时测量人员需要在高温、高压、高速、高危场合等环境中进行测量。

随着测量任务和测量需求日益复杂化，几何量测量设备和装备在制造业中的地位越来越关键，越来越多的新型几何量测量系统被逐步应用于大型装备制造业中，以解决不同的质量检测和过程控制问题。随着数字化、智能化和信息化等技术的发展，在大数据分析及处理技术的推动下，几何量数字化测量已向面向对象、面向任务的方向发展，并在工业产品制造的全生命周期中发挥着越来越重要的作用。几何量测量技术与测量装备的发展趋势体现在如下四个方面。

（1）测量参量由单一参数测量向多参数测量发展

最早的几何量测量设备往往是针对单一参数进行测量的。如在机车的转向架测量中，过去主要关心轮对之间的位移，只需测量单一的尺寸就可以满足设计要求。随着设计和工艺的发展，需要设计相应的自动化测量系统，采用非接触测量手段配合自动化引导装置，进行多个参数的整体测量，并配合软件控制系统，将生产线测量系统嵌入整个机车生产控制管理系统，完成统一的测量、展示、管理和规划，以满足更加复杂的质量评价要求。

（2）测量对象由单点测量向点云测量发展

随着测量装备的发展，其对复杂零部件的几何尺寸有了更好的测量保证和溯源手段，同时对大型零部件几何轮廓的检查由轮廓上的多点位置测量，逐步发展为某特定截面上轮廓线的测量，直至现在的整个轮廓面测量，在此过程中很多关键部件的测量也由单点测量向点云测量的方向发展，如航空领域的发动机叶片、新能源领域的发电叶片、航天领域的卫星天线。目前，实现产品几何轮廓点云测量最有效的手段是以激光扫描仪为主体的三维扫描测量，通过获取海量的反映产品几何形貌特征的三维点云数据实现对产品几何轮廓特征的描述。

但点云测量仍然面临扫描设备与给定技术指标匹配度、扫描测量数据有效性、三维扫描测量结果评价、扫描结果一致性等技术难题，这些问题的存在直接影响测量结果的可靠性，这些也是未来点云测量高质量发展的重点研究对象。

（3）测量方式由静态测量向动态测量发展

在大型装备制造过程中，产品的尺寸公差和型面公差等参数的测量往往是由仪器在静态过程中完成的。但是，智能制造的发展要求对产品制造过程进行实时在线监控，这就要求针对运动目标进行高精度的动态测量。以大尺寸类的数字化测量系统的动态性能研究为例，英国巴斯大学以工业机器人作为被测对象，验证了室内 GPS 的动态测量性能。中国的航空工业计量所开展了激光跟踪仪和摄影测量系统的动态参数评价研究，研制了圆轨迹与直线轨迹标准装置，形成了相应的研究方法。但是目前的大尺寸坐标仪器的计量检定规范很少提及对动态测量能力和性能的检定要求。

鉴于大尺寸测量设备针对运动目标的动态测量能力评价相对落后的现状，未来，学界和业界还需要在定义大尺寸测量设备的动态特性参数的基础上，构建动态定位误差模型，研究动态误差的补偿方法，形成校准规范和校准方法。

（4）测量方案由单测量系统独立完成向多测量系统协同解决方向发展

随着制造过程的复杂化、测量需求的多样化，单一测量系统组成的测量方案往往难以解决复杂的现场测量问题。因此，采用多个测量系统进行数据融合，发挥多种测量系统的优势，协同完成同一复杂测量任务，将测量数据统一在产品制造坐标系下，从而完成产品的质量评定，已经成为一种重要发展趋势。以飞机装配过程为例，由于零部件数量多、工艺复杂，且大型结构件刚性差、易变形，装配精度难以保证。为解决这一问题，利用多个测量系统协同组合完成同一复杂测量任务已经成为一种重要手段。首先分析影响装配的关键特征因素，并针对这些因素选择不同的测量设备，从而规划统一的测量方案，之后对此测量方案进行精度仿真分析，以飞机部件模型为引导，构建基于模型的数字化多系统测量平台，利用数据融合手段建立统一的测量基准，并与装配基准相匹配，从而综合发挥多个测量系统的优势，完成复杂测量任务。

未来，这种新型的测量方案还需着重解决多个测量系统的基准数据融合、单一测量系统的现场精度核查、基于匹配模型的误差分配等问题。

三、从静态测量到在线动态测量

现在乃至今后，各种运动状态下、制造过程中、物理化学反应进程中的动态物理量测量将越来越普遍，促使测量方式由静态向动态转变。现代制造业已呈现出与传统制造业不同的设计理念、制造技术，测量已不仅仅是最终产品质量评定的手段，更是为产品设计、制造服务，以及为制造过程提供完备的过程参数和环境参数，使产品设计、制造过程和检测手段充分集成，形成一体的、能自主感知一定内外环境参数（状态）并作相应调整的智能制造系统，要求测量技术从传统的非现场测量、事后测量，进入制造现场，参与制造过程，实现现场在线测量。

目前，智能制造与高温液态金属流量测量领域已开展了在线测量研究。

（1）智能制造

数控机床作为智能制造中的关键设备，其具备的在线测量和动态测量功能对于生产的高精度和自动化、检测和补偿起到了关键作用，是保证数控机床连续、有效、可靠工作的必备基础。如今，数控机床的在线测量研究主要集中在在线测量的误差来源分析和校准方法研究，以及在此基础上设计在线测量数控机床。

①在线测量的误差来源分析

数控机床在线检测系统的误差分为外部误差和内部误差。外部误差主要来自外部环境，数控机床在线检测常常在较为恶劣的环境中进行，如夏天温度高，即使未加工，机床也早已处于高温环境，而即便做到车间恒温，机床在车削、磨铣等长期作业过程中产生温度的变化，不同长度的量块在不同温度下的膨胀值也不相同，甚至超出了在线检测系统的精度，无法直接依据校准规范进行校准。

内部误差主要来自机床的几何误差以及测头系统的误差。产生几何误差的原因主要是在线测量过程中，环境的影响无法和三坐标的温湿度高要求相匹配；测头系统误差主要源自测量接触过程中产生的触发力，以及因刚度、长度等因素产生的误差。

②校准方法研究

针对在线测量的误差问题，研究人员引入一种较为特殊的校准方法，借鉴尺寸公差的判断方法，对常规标准器进行一定的修改，在校准时，通过标准器上的标准值与其所在值上下微小比对距离的尺寸相比较来判断其精度，并通过不同规格大小的标准器来实现在测量范围上的校准需求。通过两者之间的标准器名义值的比对，可以校准出所在测量范围的尺寸精度，又不受环境影响，故此方法得到的校准值可作为数控机床在线检测系统内部误差的校准值。

（2）高温液态金属流量测量

高温液态金属流量测量仪表在工作过程中受到高温、辐照、热冲击、热循环等影响，在使用一段时间之后，测量精度会下降。有些流量计需要在全封闭环境中运行，工作人员无法对其进行离线校准，因此在线校准对于提高流量测量计的准确性和可靠性是非常重要的。目前在高温液态金属流量测量方面已有诸多测量技术，然而为促进在线测量技术的发展，进一步满足社会发展需要，在线测量技术研究还需加强。

①现有在线测量技术

国内外众多研究者及工程技术人员在高温液态金属流量在线测量方面展开了一系列研究并取得了一定成果，但这些成果还未达到实际工程应用要求。高温液态金属流量测量技术包括干扰式测量技术和非干扰式测量技术（见表3-1）。

表 3-1   高温液态金属流量测量技术

序号	测量技术		原理	适用温度 / ℃	限制条件
1	干扰式测量技术	涡轮流量计	动量定理	−200 ～ 400	稳定性差，对几何尺寸有要求，抗干扰能力差
2		涡街流量计	卡门涡街原理	−20 ～ 250	对被测金属流体的流动特性有要求，不能长时间测量
3		孔板流量计	压差测量原理	−50 ～ 550	对压力测量有要求
4		光学探针法	压差测量原理	−50 ～ 400	成本高且不能用于湍流
5	非干扰式测量技术	科里奥利流量计	科里奥利原理	−100 ～ 400	对介质物性不敏感
6		直流电磁流量计	法拉第电磁感应定律	−20 ～ 650	测量受到管道边界条件、电化学等影响
7		交流电磁流量计			
8		超声波流量计	声波传播原理	−10 ～ 500	对高温下的湿润性有要求
9		照相法	时差法	−20 ～ 250	价格昂贵，受到被测环境、空间限制
10		X 光摄像法	比对前后拍照底片	适用温度没有明显限制	极大地受到环境、空间、辐射源等限制

资源来源：李雪菁等（2022）。

②在线测量未来发展

随着计算机技术的发展，借助数值仿真技术相关人员可以进一步探究高温液态金属的基本流动规律，针对复杂环境、实时工况环境突破现有的多参数、在线测量等综合测量技术，解决高温液态金属的准确计量难题。数值分析方法的特点是分析结果不能表达为一个明确的函数而是离散数值。数值分析方法可以用于高温液态金属流量测量拉普拉斯方程的数值表达，尤其适用于具有复杂边界条件以及不规则复杂区域问题的求解。流体的流量变化规律是与黏度密切相关的，而液态金属的黏度受到流体的高温、氧化和纯化等影响。液态金属测量方程的特殊边界的测量方程的求解可以借助于数值分析方法和实验方法的结合，从测量理论出发，提高对高温液态金属流动现象解释的准确性和完整性，这是完善高温液态金属流量测量理论体系的重要途径之一。

四、从简单信息获取到多信息融合

传统测量问题所涉及的测量信息种类较为单一，而现代测量信息系统则更为复杂，常常涉及多种类型的测量。这些测量信息量庞大，如在大规模工业生产的在线测量中，每天的测量数据量可高达数十万条；再比如，在产品数字化设计与制造过程中，所涉及的数据信息数量也十分庞大。巨量信息的可靠、快速传输和高效管理，以及消除各种被测量之间的相互干扰，从中挖掘多个测量信息融合后的目标信息将形成一个新兴的研究领域，即多信息融合。

多传感器信息融合技术与现代测量技术的发展相互促进，互为支持，多信息融合对现代测量技术的发展主要起到 4 个方面的重要作用（苏志毅等，2013）。

①减少测量不确定性

由于本身的作用机理、工艺水平、环境噪声等因素，所有的传感器在对事件状态的确定上，都有一定的模糊性和不确定性。仅使用单一的传感器，不确定性带来测量失效的危险是不可避免的。利用合适的多信息融合算法，给不同种类的传感器分配不同的可信度，使多个在时间和空间上离散分布的传感器对目标状态进行重复确认，可以大幅减少测量的不确定性。

②降低测量成本

通常，多传感器信息融合技术由于需使用多个传感器以及面临多个信息节点间的通信压力，不可避免地会比单一传感器消耗更多的能量和成本。而这里的所谓减少测量成本，是指面对复杂的测量任务时，如果使用合理的信息融合技术，可以比仅仅是从多个侧面孤立地反映目标信息而采用多个传感器的情况，要节省测量所需的资源和能量消耗。

③助力软测量发展

软测量技术是一门有着广阔发展和应用前景的新兴工业技术。对软测量技术的需求，源于现代工业过程中由系统的复杂性、不确定性导致的难以直接检测出的过程参数。实际工业过程中仍存在许多无法或难以直接用传感器测量的重要过程参数。软测量技术利用易测的过程变量（常称为辅助变量）与难以直接测量的需测过程变量之间的数学关系（软测量模型），依托合适的数学计算和估计方法，实现对需测过程变量的估测。

④提高测量准确度和速度

信息融合技术在提高测量准确度方面有着独特的优势。首先，与一个传感器获取的被测对象信息相比，多传感器信息融合处理可获得有关被测对象更准确、更全面的信息。单一传感器受环境噪声和人为干扰等因素的影响，其测量准确度受到一定限制，因此其输出结果相当于对真实值加入了随机噪声。其次，与多传感器测量相比，信息融合技术可以通过综合多种不同类型的传感器信息产生新的有用信息，减小甚至排除单一测量手段可能引入的系统误差，大大降低异常数据的干扰。

五、测量信息数字化、实时化

在测量过程中，技术人员常用数字表征测量对象的属性特征，将测量对象特征信息化，这样方便存储，也更清晰明了。现代化的测量技术还可以利用卫星、红外线等手段对远距离物体进行测量，扩大了测量范围，而且效果佳，数据精准，可以在测量全周期实现测量信息数字化，做到数据实时跟踪，更好地服务于各行各业。

以煤矿测量为例，在煤矿开采的过程中数字化测量信息技术发挥了不可替代的作用。一方面，现代化的数字测绘技术代替传统的测绘技术，摆脱传统的人力操作，通过电脑或者程序即可完成。这样大大提高了工作人员的工作效率，还可以使工作人员的关注重心转移到采集数据的准确性上。另一方面，工作人员在长期的数据采集与排查中积累经验，逐步改进煤矿开采的方案，减少工作过程中遇到的问题，提高相关技术人员解决问题的能力。在实际应用数字化测绘技术的过程中，工作人员借助不同设备和仪器，提高信息处理的效率，完成数据的处理工作，减轻工作人员的工作负担。

在煤矿测绘领域，数字测绘仪器被用来测绘地形图。该技术根据现有的通用地图基础把煤矿的经济发展方向和资源应用轨迹绘制成科学的、有效的坐标地图，从而为后续的工作提供理论的框架指导，为一线工作人员提供精准的参考依据。在过去的实践经验中，数字测绘使企业在后期数据查找和信息输出的过程中遇到问题的概率大幅降低，技术人员的智能化和综合性的要求都可以得到满足。煤矿生产的过程中各个部门也可以利用信息化数字工具促进部门间的协调，从而提高工作效率，提高信息的精准性，尤其可以促进地质科学部门、信息管理部门和设备技术部门工作的协调性。

第二节　现代化测量技术数字化发展趋势

传感技术、测量技术和计测仪器在制造过程中的重要性显著提高，已成为必需的组成部分。随着制造技术的快速发展，对传感器、测量仪器的研究不断深入，内容不断拓展。其中涉及的共性问题有：新型传感原理及技术，先进制造的现场、非接触及数字化测量，机械测试类仪器"有界无限"统一模型的建立及实现，超大尺寸精密测量，微（纳）米级超精密测量，基准标准及相关测量理论研究等。

近年来，测量技术与计算机、控制、通信等技术深度融合。随着物联网技术、大数据技术、人工智能技术以及量子测量技术的进一步发展，测量技术也朝着量子精密测量、智能测量、智能化故障诊断、智能化故障预测等多功能集成方向发展。

一、量子精密测量技术

在现代科学研究和技术发展中，精确的测量是实现突破和创新的基石。量子精密测量技术，利用量子学的基本原理，为我们打开了提高测量精度的新路径。这项技术不仅推动了基础科学研究的发展，还在医疗、通信、计算机科学等领域有着广泛的应用前景。

量子技术在测量领域的核心优势在于利用量子态的叠加和纠缠等非经典特性来提升测量灵敏度和精确度。在传统的测量技术中，测量的精度通常受到经典物理限制，例如噪声和其他干扰因素的影响。相比之下，量子测量技术通过运用量子态，从理论上超越了这些限制。

一个典型的例子是量子纠缠现象，其中多个粒子间存在一种强相关性，即一个粒子的状态即刻决定了另一个粒子的状态，无论它们相距多远。这种特性使得量子测量在处理信号和克服环境干扰时更为有效。例如，利用纠缠的光子对，科学家可以极大地提高测量光的属性（如相位和强度）的精度，这在光学成像和量子通信中极为重要。

此外，量子超定位技术利用量子纠缠的性质，可以实现比传统方法更精确的定位。这在天文观测、卫星导航及粒子追踪等领域具有重要应用。例如，量子卫星导航系统能够提供比传统 GPS 更为精确的位置信息，这对于自动驾驶汽车和深海探测等高精度要求的应用至关重要。

量子测量技术的这些优势不仅使其在科学研究中不可或缺，也使得量子技术成为推动未来技术革新的关键因素。随着量子计算、量子通信的发展，量子测量技术的潜力将进一步得到释放，预示着未来众多领域更高的测量精度成为可能。

1. 量子精密测量技术的基本原理

量子精密测量技术是一种利用量子力学原理来提高测量精度的技术。这些技术主要基于量子纠缠、量子叠加和量子退相干等现象，能够在各种科学研究和技术应用中实现超越传统测量方法的性能。

（1）量子叠加

量子叠加原理是量子力学的核心之一，指的是一个量子系统可以同时处于多个可能的状态。在量子测量中，这意味着可以同时测量一个物体在多个状态下的性质，从而获得更多的信息。例如，在量子干涉仪中，利用粒子的波动性，可以极大地提高测量的灵敏度和分辨率。

（2）量子纠缠

量子纠缠是量子力学中的另一个非常重要的现象，指的是两个或多个量子系统在其量子状态上存在着无法通过经典物理学解释的强相关性。在量子精密测量中，纠缠的粒子可以用来进行更为精确的测量，因为通过测量其中一个粒子的状态，可以立即知道另一个粒子的状态。这种特性可以用来实现超越经典测量限制的精度，例如在量子计量学和量子成像中的应用。

（3）量子退相干

量子退相干是指量子系统由于与环境的相互作用而逐渐失去量子行为，转变为经典行为的过程。在量子精密测量中，控制和管理退相干是一个重要的挑战，因为退相干会导致量子信息的丢失，从而降低测量的精度。通过使用诸如量子纠错和动态退相干抑制技术，可以在一定程度上克服这一问题，保持系统的量子性质。

（4）测量标准量子极限与海森堡极限

在量子测量中，存在两个重要的极限：标准量子极限和海森堡极限。标准量子极限是指使用未纠缠的粒子进行测量时的精度上限，而海森堡极限则是利用量子纠缠状态，理论上可以达到的最高测量精度。通过逼近海森堡极限，量子精密测量技术能够实现远超传统技术的性能。

2. 量子精密测量技术的应用

量子测量技术已经开始在多个学科领域内展现其独特的价值，从基础物理学研究到化学反应的监控，再到生物医学领域的突破性应用，量子技术正在开启新的探索与发现之门。

（1）物理学

在物理学中，量子测量技术的应用主要集中在精确测量基本物理常数和探测微弱的物理效应上。例如，量子干涉仪利用量子纠缠提高了对重力波的检测灵敏度，这对于验证广义相对论预言及开展宇宙学研究至关重要。此外，利用量子测量，科学家可以更精确地测定电子的磁矩和光子的时间特性，这些测量对于精密物理实验和量子信息科技的发展有着直接的推动作用。

（2）化学领域

在化学领域，量子测量技术被用来研究分子间的相互作用和化学反应的动态过程。量子纠缠和超敏感的量子探针可以监测到极其微弱的化学变化，从而帮助化学家在分子水平上理解反应机制。例如，通过量子探测技术，研究者可以实时观察到电子在不同化学状态间的转移，这对于发展新型催化剂和优化反应路径具有重要意义。

（3）生物医学

量子测量技术在生物医学领域提供了一种前所未有的精度和灵敏度，使其在疾病诊断和治疗监控中展现出巨大潜力。例如，量子点和其他纳米级量子传感器被用于监测细胞内部的离子和分子活动，从而提供对细胞健康和病态的深入了解。此外，量子成像技术，如量子 MRI（核磁共振），利用量子纠缠的性质，可以生成比传统 MRI 更高分辨率的图像，这对于早期识别肿瘤和其他疾病特别有价值。

（4）环境科学

在环境科学中，量子传感器的超高灵敏度使其能够探测到极低浓度的有害物质，如重金属和有机污染物。这种能力对于环境监测和保护具有重要意义，可以帮助科学家更早地发现污染事件并采取应对措施。

3. 主要的量子测量技术

（1）量子干涉测量

量子干涉测量是一种基于量子力学原理的测量技术，它利用量子粒子（如光子、电子等）的波动性质来进行精确测量。这种测量技术的核心在于量子粒子的波函数可以在空间中叠加，形成干涉图样。通过分析这些干涉图样，可以得到有关粒子和它们相互作用环境的详细信息。

马赫–曾德尔干涉仪（Mach–Zehnder interferometer）是一种常用于量子干涉测量的设备。它由两个分光镜和两个反射镜组成，可以用来观测从单独光源发射的光束分裂成两道准直光束之后，经过不同路径与介质所产生的相对相移变化。马赫–曾德尔干涉仪的内部设置可以被很容易地更改，与迈克耳孙干涉仪不同，两道被分裂的光束只会分别行经一次干涉仪的两条严格分隔的路径。这种干涉仪的内部工作空间相当宽广，干涉条纹的形成位置有很多种选择，因此它适用于多种测量场合，包括空气动力学、等离子物理学与传热学领域的研究。

在光学领域，量子干涉测量技术可以用于测量光波的相位变化，从而实现高精度的距离测量和光纤通信中的信号处理。例如，超长基线干涉（VLBI）技术利用干涉测量术，在全世界范围内使相距很远的望远镜的同一射电信号之间产生干涉，这种技术不需要观测信号之间的物理连接，可以用来测量天体的位置和运动。量子干涉测量也可以用于测量粒子的波长，例如原子干涉仪利用物质波进行精密测量，用来测量微小的场强、惯性力，以及原子的内禀性质。这种干涉方法已经应用于分子和超分子。

量子干涉测量技术还被用于量子计算和量子信息处理领域，如量子比特的操作和量子通信中的信号处理。此外，量子干涉测量对于理解量子退相干和量子纠缠等现象也非常重要，这些现象对于量子信息科学的发展至关重要。

（2）量子纠缠测量

量子纠缠是量子力学中的一种非经典现象，其中两个或多个粒子以一种方式相互作用，使得每个粒子的量子态不能独立于其他粒子的状态来描述。这些粒子之间的纠缠关系保持不变，即使它们相隔很远。纠缠态的生成通常涉及将粒子置于共享的量子态，然后通过某种相互作用（如光子间的非线性相互作用或原子间的碰撞）产生纠缠。一旦生成，纠缠态可以用于多种量子信息处理和量子计算任务。

纠缠态的生成可以通过多种物理过程实现，包括：

①　自发参量下转换：在这个过程中，一个高能光子通过非线性晶体，转换成两个能量较低的纠缠光子。这是目前最常用的纠缠态生成方法之一。

②　量子点：量子点可以用来产生纠缠的光子对，通过激发量子点并控制其发射的光子。

③　原子级联：原子级联是早期用来制备纠缠态的一种方法，通过控制原子的能级跃迁来产生纠缠光子对。

④　核磁共振系统：利用核磁共振技术也可以实现纠缠态的制备，例如中国科学技术大学的研究团队成功实现了 51 个超导量子比特簇态制备和

验证，刷新了所有量子系统中真纠缠比特数目的世界纪录。

纠缠态在量子信息科学中的应用非常广泛，包括：

① 量子密钥分发：利用纠缠态的非局域性特点，可以实现安全的量子密钥分发，即使在传输过程中被窃听，密钥仍然会立即改变，从而保证了通信的安全性。

② 量子计算：纠缠是量子计算中的一种重要资源，可以用来实现量子算法和量子错误纠正。

③ 量子隐形传态：通过纠缠态，人们可以在不需要物理传输的情况下，将一个粒子的状态传递到另一个粒子上。

量子雷达是一种利用量子力学原理，尤其是量子纠缠和量子照明来提升探测性能的先进遥感技术。这种雷达系统的关键优势在于其极低的噪声水平和高灵敏度，能在复杂环境中实现高精度探测。通过量子纠缠，量子雷达显著降低了噪声，有效过滤了无关信息，专注于与目标有关的信号。此外，其高灵敏度使得其在噪声较高的环境中也能准确探测到微弱或远距离目标。量子雷达的这些特性使其在军事侦察、气象监测和航空航天等领域展现出巨大的应用潜力，预示着遥感技术的一大进步。

量子成像是一种革命性的技术，它通过利用量子纠缠现象，在没有物体直接存在的光路上重现物体的空间信息，可以在多个不同的空间位置产生成像。这种技术的显著特点包括能够实现纳米级的高分辨率衍射成像，甚至在使用非相干光源的条件下也能维持高分辨率。此外，量子成像技术还具有强大的抗干扰能力，能有效避开如云、雾和烟等环境因素的干扰，提供更清晰的图像。

量子雷达和量子成像是量子纠缠在现代科技应用中的两个典型例子，

这两种技术都展示了量子纠缠在提升传统技术性能方面的巨大潜力。随着量子技术的持续进步，预计未来在通信、计算和传感等多个领域将涌现出更多基于量子纠缠的创新应用。这些技术不仅拓展了科学研究的边界，也为实际应用开辟了新的可能性。

（3）量子传感器

①　原子钟。原子钟是一种利用原子的共振频率来保持时间的高精度设备。这些设备基于原子能级的跃迁，特别是电子在不同能级间跃迁时发出的电磁波的频率，来计时和维持时间的准确性。原子钟的精确度非常高，因此它们被用作国际时间标准。原子钟的应用广泛，包括全球定位系统（GPS）、天文观测、网络时间同步和科学研究等领域。这些应用依赖于原子钟提供的极高时间精度和稳定性，以确保各种系统和设备能够精确协调和操作。

②　量子磁力计。量子磁力计是一种利用量子效应来测量磁场的设备。这些设备可以非常精确地探测地磁场的微小变化，因此在地球物理学、考古学和环境监测等领域中有重要应用。量子磁力计的灵敏度高，能够探测到极微弱的磁场变化，这使得它们在探测地下结构或其他隐藏物体（如潜艇或水下水雷）时非常有效。

③　其他类型的量子传感器及其应用。

a. 重力测量

量子重力仪利用量子效应来测量重力场的变化。这种传感器在地球物理学研究、地震预测和矿产勘探中有重要应用，因为它们可以精确地测量地球表面或地下的重力变化。

b. 量子导航

量子导航系统利用量子传感器，如原子陀螺仪，提供无须依赖外部信号（如 GPS）的导航能力。这在 GPS 信号不可用的环境下尤其重要，如深海或地下。

c. 磁场测量

除了量子磁力计，其他类型的量子传感器也被用于磁场测量，如超导量子干涉仪（SQUID）和光泵磁力仪。这些设备在医学（如脑磁图测量）、环境监测和工业应用中非常有用。

d. 量子探测成像

量子成像技术利用量子纠缠和量子照明原理，能够在低光环境下提供高分辨率图像，适用于医学成像、军事侦察和安全检查等领域。

4. 量子精密测量的挑战与限制

（1）技术实现的复杂性

多参数量子精密测量的难点：在量子精密测量中，单参数测量相对简单，但多参数测量要复杂得多。每个参数的最优测量方案一般不兼容，参数之间存在精度制衡。如何实现多参数的最优测量是当前国际量子精密测量科研的前沿问题之一。

量子态制备的挑战：量子精密测量通常需要特定的量子态，如高品质的单光子源和多光子纠缠态。制备这些量子态需要精确的控制和高度稳定的实验条件，这在技术上是非常具有挑战性的。

（2）环境因素对量子态的影响

外部环境的干扰：量子系统非常敏感，容易受到外部环境的影响，如温度、湿度、磁场和振动等。这些因素都可能导致量子态的退相干，影响测量的精确度。

实验环境的稳定性要求：例如，在进行精密测量物理研究时，山体稳定性的变化和车辆经过产生的震动都可能影响测量精度。因此，实验环境的稳定性对于量子精密测量至关重要。

（3）其他挑战与限制

量子测量技术的研发和应用：需要相应的国家科学战略，为量子测量技术的研发、测试和应用做好全程支持与服务，从而加速量子测量变革性的产品和服务推向市场。

量子资源的利用：量子传感和测量技术通过使用纠缠等量子资源，可以实现超越经典技术极限的测量精度和准确率。然而，要在实际应用中实现这些优势，需要设计具有噪声容忍度的测量方案以抵御各种非理想因素的影响。

5. 最新进展与未来展望

（1）量子测量领域的重要科研成果

量子测量领域的最新进展包括多个方面，特别是在非破坏性测量和量子纠缠的实用化方面取得了显著成果。例如，最近的研究显示，科学家们已经能够在非破坏性条件下实现镱 –171 量子比特的测量，这对于可扩展的量子计算具有重要意义。此外，量子纠缠的实用化也在不断推进，如通过弱测量技术恢复和利用量子纠缠，这为量子通信和量子计算提供了新的可能性。

（2）量子技术的潜在改进方向

量子硬件的稳定性和可扩展性：目前，量子硬件的稳定性和可扩展性仍然是限制量子计算发展的主要因素。未来的研究将致力于提高量子比特的质量和连接量子比特的有效方法，以实现更大规模的量子计算系统。

量子算法和量子软件的开发：随着量子硬件的发展，开发适用于量子计算的高效算法和软件也显得尤为重要。这包括量子错误纠正算法和针对特定应用的量子优化算法。

量子通信的安全性和可靠性：量子通信的安全性和可靠性是量子网络实用化的关键。未来的研究将探索更高效的量子密钥分发方法和量子重复器技术，以实现长距离的量子通信。

（3）对未来科技和社会的潜在影响

信息安全：量子计算的发展可能会破坏现有的加密技术，但同时也能提供更为安全的量子加密方法。这将对网络安全、数据保护和隐私保护等领域产生重大影响。

材料科学和药物开发：量子模拟的能力使得科学家能够在原子层面上精确模拟复杂的化学反应和材料行为，这将极大地加速新材料和新药的开发。

优化和逻辑决策：量子计算在处理复杂的优化问题和逻辑决策方面显示出巨大的潜力，这可能会改变物流、供应链管理、金融分析等多个行业。

科学研究和教育：量子技术将推动科学研究方法的革新，并可能改变科学教育的方式。量子计算和量子信息的教育将成为未来科技教育的重要组成部分。

（4）量子精密测量技术的深远意义

量子精密测量技术的前景非常广阔。随着量子物理理论的深入和量子技术的不断进步，量子精密测量在科学研究和工业应用中的潜力正在逐步显现。这些技术不仅能够实现传统方法无法达到的测量精度，还能开启全新的研究和应用领域。

在基础科学领域,量子精密测量技术可以用来探测极微弱的物理、化学和生物效应,从而帮助科学家们验证物理理论、探索未知的自然现象,以及开发新的科学仪器。例如,量子精密测量技术已被用于探测引力波、测量基本物理常数和研究量子引力效应。

在工业领域,量子精密测量技术的应用可以极大提高生产效率和产品质量。例如,在半导体制造、精密工程和医疗设备领域,量子精密测量技术可以用来进行极高精度的测量和控制,从而提高产品的性能和可靠性。

量子精密测量技术的发展还将推动相关技术和产业的创新,包括量子计算、量子通信和量子信息处理等领域。这些技术的结合和相互促进将加速量子技术的商业化进程,为社会带来新的增长点。

量子精密测量技术不仅在科学研究中具有重要价值,也在工业和技术应用中展现出巨大的潜力。随着技术的不断进步和应用的不断拓展,量子精密测量将在未来的科技发展中扮演越来越重要的角色。

二、自动控制的信息测量技术

(1)技术概述

自动化信息测量技术作为信息科学的一个分支,与计算机技术、自动控制技术和通信技术等一起构成了信息技术的完整学科。由测量技术支撑的现代测量系统、科学仪器和测量仪表,其重要作用可比作信息产业的倍增器和先行者。由于自动测量系统的各种测量工作都是在计算机控制与参与下自动完成的,因此,这种测量有以下特点:

①测量速度快;②测量准确度高;③测量功能多,能力强;④多数自

动测量仪器都具有量程自动切换功能，由于某种特定的测量都是按同一程序进行的，因此可以用来完成某种高度重复性的测量工作；⑤具有多样化熟练记录测量结果的方式；⑥能自检、自校、自诊断，这也是自动测量仪器的独有特点；⑦操作简单、方便，测量过程中大部分高技术含量的工作都由计算机自动完成。

（2）技术应用

目前多个领域已成熟应用自动化信息测量技术，以下通过对应用较为广泛的电能计量领域进行描述，帮助读者了解自动化信息测量技术的应用情况。

电能计量领域的自动化信息测量技术主要代表是电能计量自动化系统，其集信息采集、监控、分析和管理于一体，主要从远程抄表和在线监测两方面为配电运行监测、用电管理提供支持，提高了电网营销管理自动化水平和客户供电服务质量。

①远程抄表

远程抄表从工作效率、数据可靠性和智慧监管三方面提高了电能计量质量。在工作效率提升方面，计量自动化系统实现了远程自动抄表，与营销系统接口实现用户电费自动结算，节省了抄表时间和结算的人力成本；在数据可靠性方面，由于数据通过系统流程实现自动转换，杜绝了人为的抄表错误的情况，减少人为差错，保证了数据的系统性、严肃性，提高了数据的可靠性；在智慧监管方面，系统能够根据电表的使用情况、有功量值、正向有功量值、正向无功量值、峰平谷电量，对所选地区表码进行分类归档，全方面地对表码及用电量进行监控和对其使用动向进行观察。

②在线监测

电能计量自动化系统通过电量平衡和线损异常分析、报警组合工单等多维度的监测分析手段，对计量点电压、电流、功率、表码等各种实时数据进行综合分析，对计量自动化终端上报的各种报警事件进行监测分析以及对四分线损各种线损指标进行异常监测，实现计量装置二次回路、电能表、计量自动化终端运行状态、实时数据的远程在线监测和故障异常报警。

三、测量技术与物联网融合

物联网技术是指通过信息内容感应设备，对物与物、人与物之间的信息进行收集、传递和控制等，主要分为射频识别（radio frequency identification，RFID）技术、传感器技术、无线网络技术、人工智能技术和云计算技术等。近年来，得益于其成熟发展，该技术也逐渐应用于测量领域，服务于民生计量。

（1）技术概述

测量技术与物联网融合的关键在于 RFID 技术、传感器技术、无线网络技术、人工智能技术、云计算技术。

① RFID 技术。该技术是物联网中"让物品开口说话"的关键技术，物联网 RFID 标签存储着规范且具有互通性的信息，这些信息通过无线数据通信网络被自动采集到中央信息系统中实现物品的识别。

②传感器技术。在物联网中，传感器主要负责接收物品"讲话"的内容。传感器技术是从自然信源获取信息并对获取的信息进行处理、变换、识别的一门多学科交叉的现代科学与工程技术，它涉及传感器、信息处理和识别的规划设计、开发、制造、测试、应用及评价改进活动等内容。

③无线网络技术。物联网中物品要与人无障碍地交流，必然离不开高速、可进行大批量数据传输的无线网络。无线网络既包括允许用户建立远距离无线连接的全球语音和数据网络，也包括近距离的蓝牙技术、红外技术和Zigbee（低速短距离传输的无线网上协议）技术。

④人工智能技术。人工智能是用计算机来模拟人的某些思维过程和智能行为（如学习、推理、思考和规划等）的技术。在物联网中，人工智能技术主要对物品"讲话"的内容进行分析，从而实现计算机自动处理。

⑤云计算技术。物联网的发展离不开云计算技术的支持。物联网中的终端计算和存储能力有限，云计算平台可以作为物联网的"大脑"，以实现对海量数据的存储和计算。

（2）主要应用

民生领域是物联网测量技术应用的重要领域。下面以电能计量和农田灌溉两个领域为例，介绍物联网测量技术的应用。

在电能计量方面，RFID技术将传统的电能人工抄表转变为自动化采集、记录与管理模式，实现近距离的通信与传输，大幅提高传输的安全性和精确性。其次是LoRa（远距离无线电）技术，其凭借远距离、低功耗、多节点的优势，降低成本，提高数据的安全性。

在农田灌溉方面，应用了物联网技术的智能控制终端为井灌区智能节水灌溉系统提供数据采集、控制、计量、管理等技术支持，实现了灌溉用水用电可计量、水电参数全监测、数据监测智能管理、用水用电预付费控制、水泵电机智能保护、数据信息远程测控、灌溉定额可预置、水肥管理一体化等智能化控制，主要用于园林绿化智能灌溉、果蔬大棚智能灌溉、井（渠）灌区智能灌溉系统水电肥测控计量管理。

四、大数据与测量技术的结合

现代科技日新月异，"数据"日益成为宝贵的资源和财富。计量技术机构对社会开展计量检测服务，在业务量快速增长的同时，累积了大量的测量核心数据，利用大数据和云计算技术对计量大数据中的检测数据、业务数据、时间数据等进行多维度挖掘和分析计算，采用图表和地理信息等呈现方式提供计算分析报表结果，建立一套自动数据清洗、补充、汇总的机制，为用户提供实时、准确的数据分析结果。

借助大数据和云计算技术提供计量检测业务中的检测数据分析，为企业提供计量器具的性能趋势走势和预判断、计量器具质量分析、委托单位工作计量器具的总体性能情况等计量延伸增值服务；通过对行业、产业的关键工作计量器具进行分析，为政府对各行业（如环保、医疗、安全）的监督管理提供有力的数据支撑。

通过大数据分析，基于互联网思维和互联网技术，实现互联网＋计量检测行业的融合，以数据驱动服务的方式，充分发挥创新生产力的作用和优势，为计量检测机构带来更多的增值经济效益和社会效益，对传统计量检测运作模式进行提升和优化，提高计量检测效率。

（1）技术概述

计量大数据的价值体现在两方面：一是从已产生的数据中找到问题并解决问题。在大数据时代，要用大数据思维去发掘大数据的潜在价值，也就是从计量检测、市场业务、资源配置、财务管理、质量控制等各种角度，根据不同的应用场景，通过分析数据、产生结果、判定结果等步骤来发现并解决问题。譬如，从市场业务角度，可以分析历年各行业对计量检测需求的变化，从计量检测的角度来看，可以分析某一计量器具的历年检测数据变化；从资源配置的角度，可以分析人力、设备、资质等资源是否能提供计量服务保障，根据市场检测需求量再次合理配置各类资源，减少成本并提升计量服务能力。这些例子都真实地存在于计量检测行业中，需要有探求数据价值并把握数据的人，通过数据思维触发计量数据的价值增长。

二是通过大数据预知未来，即趋势分析。无论是部门业务还是检测数据，计量机构都能借助数理统计来分析趋势，并形成相应的决策。譬如部门业务，从业务增长量和服务能力的综合对比可分析出部门将来计量服务供给侧资源的规划和配置，检测人员、设备、资质等服务能力建设应作出的合理规划。从检测数据来讲，以往计量技术机构只提供当时的计量性能评价，通过某一计量器具的历年检测数据，可以分析出该计量器具计量性能的变化趋势。基于已有的数据通过关联性、时间性等要素发现变化并形成趋势，预知未来。趋势分析的重点是构建模型，已产生的数据是模型的输入项，趋势分析结果和判定是数据模型的输出项。

（2）主要应用

①政府监管

计量技术机构日益积累的计量数据可为政府行业监督部门的管理工作提供有说服力的数据支撑，特别是对环保、医疗、安全、贸易结算等行业监督，起着至关重要的数据支撑作用，这主要体现在计量数据及计量器具监管两方面。

在计量数据监管方面，基于计量数据的稳定和可靠特性，通过对连续计量数据的比对，即可判定计量数据的真假。在大数据时代下，政府通过大数据技术，进行计量数据比对，能够实时获取比对信息，及时发现数据造假情况，控制风险。

在计量器具监管方面，通过建立统一的计量器具数据库，实行计量器具赋码化管理，完成计量器具的生产、使用等多环节的监管。大幅降低强检计量器具瞒报、漏报、不报、拒检、超期未检等现象的发生频率，强化了对强检计量器具使用过程中的监管，确保政府监管的有效性。

②企业质量提升

大数据测量技术对于企业来说，有提高企业生产质量控制水平和解决企业计量器具管理问题两个关键作用。

提高企业生产质量控制水平。通过对企业生产关键计量器具的实时监控和趋势分析，能够为企业提供计量器具的性能趋势和预判断、计量器具质量分析以及委托单位工作计量器具的总体性能情况。

解决企业计量器具管理问题。通过大数据技术全面切入企业计量器具管理，评估企业计量器具的整体性能，帮助企业发现设备使用中存在的各种问题，为客户提供全方位解决方案，从而提升企业设备质量控制的整体水平，避免因为设备性能的问题造成相关事故。

五、人工智能赋能测量技术应用

人工智能，简单来说，就是使计算机系统按照人类的思维方式做出只有人类才能做出的智能行为。计量技术的发展需要人工智能技术的支持，要在未来的新兴技术和新工业革命中前进，人工智能是其创新驱动力。

（1）技术概述

目前，基于人工智能的研究主要集中在感知模式方面，即使用人工智能技术代替人类来进行感知判别，但人工智能所要实现的，是从"感知"

到"认知"的变化，它不仅仅是人类的单一"传感器"，而是能像人一样思考，获取信息并进行分析，直至解决问题的智能系统。随着量子技术的发展，基于量子技术的量子计算机研制问世，相信人工智能会实现从感知技术到认知技术质的飞跃，带来新一轮的技术革命。

（2）技术应用

人工智能代表着新的技术发展领域，其价值的体现关键在于对科技发展、技术进步方面有实质性促进作用，特别是在包括计量领域在内的基础性领域中的开发与应用。人工智能如能在计量领域广为应用，必将带动计量技术的快速发展。

①智能测量

计量发展经历了从原始的人工化到自动化的历程，正在迈向智能化。如今自动化测量已广为应用。在自动化测量时代，自动控制系统使得计量测量过程重复性提升，测量效率提高，工作过程逐渐摆脱了人工。在智能化测量时代，可实现对非预知情况进行处理，获得更大的效能，使工作目标更易于实现，在复杂工况下获得更高的测量精度。

实现测量智能化的关键是人工智能，在测量过程中要不断采集测量数据，处理环境条件，管理测量系统状态，收集所有信息并加以处理，以便判断测量是否正常、循环是否可控、属性是否良好。

人工智能作为测量技术未来发展的主要研究方向之一，在各个领域都有着明显的优势。利用人工智能技术可以使传感器集成化、自动化程度更高，不仅能提高传感器的测量精度，还便于携带，大幅减轻现场测试负担，为原位校准、动态校准以及多分量校准技术的实现提供了机会。对计量校准过程来说，人工智能技术能减少甚至消除人为操作引入的随机误差，使

得测量结果更加准确。

②智能视觉

智能视觉是人工智能识别的一种能力。智能识别不是目的而是一种手段。智能视觉通过机器代替人的眼睛来做测量和判断，由视觉单元、图像处理单元和控制执行单元组成，包含了光学成像技术、传感器技术、视频技术、计算机软硬件技术等。智能视觉是人工视觉的替代，在危险工作环境或人眼难以达到要求的环境中用以提高视觉识别能力。在大量繁重的重复性工作过程中，使用智能视觉测量方法可以大幅提高工作效率和准确度。人的眼睛受物理条件的限制，精确度、速度和耐疲劳度相对较低，智能视觉在计量测量领域尤其是在长度测量方面的精确性是人眼所不能比拟的。智能视觉不仅能快速获得大量信息，还能够通过视觉自动识别被测量的样品，而且可以通过处理系统对测量结果进行自动处理。其在计量测量过程中除可以提供测量全过程的实时识别和详尽完备的结果分析报告外，还可以根据智能视觉系统的实时识别及分析，对工作中出现的问题进行相应的调整处理。

机器视觉技术通常用在金相实验中，为了获取材料硬度信息，经常用布氏硬度计、维氏硬度计进行硬度实验。这类硬度测量设备通常用自有的显微镜或者万能工具显微镜对压痕进行测量，但这种测量方式会引入随机误差，并且操作相对麻烦，工作效率不高，而机器视觉技术能很好地解决这类问题。在其他方面，如一些危险的工作环境或者特殊场合，可以用机器视觉技术代替人工作业，降低安全风险。除此之外，工业生产过程中遇到的批量重复性生产任务，用机器视觉技术可以大幅提高生产效率。

③智能控制

在发展自动控制技术的基础上，控制理论发展到高级智能控制阶段，智能控制用于解决以往方法难以解决的更复杂的系统性控制问题。人工智能通过智能信息处理、智能信息反馈和智能控制处理的方式完成计量领域的智能控制。计量的过程可以交由智能控制的机器自主完成。在结构化的或非结构化的环境中，智能控制自主执行由人交办的任务。智能控制在更高程度上实现控制系统的智能化，完成自主调节控制，并对复杂系统进行有效的全局控制。计量过程的智能控制可以针对整个计量过程提出解决方案，不管此过程多么复杂，利用人工智能的方法对计量过程进行动态建模，利用智能传感技术进行信息处理，利用决策处理系统进行反馈，利用控制机械进行动作控制，在复杂的过程中实现计量过程的智能控制。计量过程中的智能控制大幅提高了计量工作的效率和质量。智能控制目前在很多领域已取得较大的进展，但要使智能控制在计量上实现工程化、实用化还需要继续深入研究。

④智能分析

计量测量必然产生大量的数据信息，以往的计量活动对数据分析的应用程度不足。智能分析以计量大数据为基础，通过大数据的汇集和不同数据的组合交叉，运用人工智能处理分析，从大量的数据中获得更准确、更有效的数据，进一步发掘出数据背后的价值信息。人工智能具备强大的数据收集能力，在大数据的支持下，应用智能分析后的计量测量将有质的飞跃。基于抽样的计量方式将消失，智能分析采用大数据可以将一切需要的计量数据信息纳入分析处理，必将使计量结果更加精确。

⑤智能系统

基于人工智能的计量智能系统是整合了从检验测量、控制处理到结果分析及数据应用各方面应用的智能平台,具备处理一系列工作流程的能力,具有与人交互的智能界面,与人默契协作,可以完成大数据处理等应用,实现各类计量与测量需要。智能系统是计量工作的大脑,形成神经网络系统,构建应用开发框架,与人交互完成计量工作。智能系统基于深度学习的认知处理能力,将在性能更强的神经元网络和更多的计量大数据等基础上得到更好的提升,从而更高效地完成计量工作。

第4章

计量数字化转型

  2022 年世界计量日的主题是"数字时代的计量",倡议建立国际单位制数字框架,推进计量数字化转型,支撑数字经济健康发展。围绕这一主题,市场监管总局在全国范围内部署开展"推进计量数字化转型、服务数字中国建设"专项行动。

  数字技术的加速演进,不断重构计量世界。其中最重要的特征是,数字化、量子化变革持续深入,有形实物的测量不断退出历史舞台。从测量原理看,"传感器＋软件"的测量方法广泛应用,"无形"的算法和"有形"的传感器,成为决定测量数据精度的关键;从计量器具看,智能化、网络化和嵌入式、芯片化成为计量器具发展的方向,"有形"的计量器具将逐渐退出应用场景。目前,在工业制造和交通、电力、环保等领域,计量器具在线联网成为一种大趋势。

  实现单位统一、量值准确可靠是计量数字化的目标,其核心是对信息技术中二进制数字的形式、内容、结构、语义，二进制数字对主观或客观世界的反映——数据和算法，以及承载二进制的物理设备、系统性能中计量问题的研究。其包括两个方面：一是计量数字化，是指传统计量采用信息化手段实现网络化、自动化、远程化，包括计量电子证书和数字证书、测量不确定度在线云评定、远程计量和在线计量、计量数字化图谱、计量软件测评、智慧计量机器人、人工智能计量师、计量数据可视化等领域；二是数字的计量化，是数字世界中引出的计量工作，包括算法溯源、数字图像、音频和视频计量、网络点击量和转发量计量、数字资产等领域。

计量数字化转型，一方面是传统计量技术、方法和管理向数字化转型，另一方面是其他产业数字化转型之后的计量应对。

第一节 "计量＋信息化"夯实数字时代测量基础，驱动管理变革

测量是人类认识世界和改造世界的重要手段，是突破科学前沿、解决经济社会发展重大问题的技术基础。NMS 是国家战略科技力量的重要支撑，是国家核心竞争力的重要标志。国务院发布实施的《计量发展规划（2021—2035 年）》，把数字计量摆在更加突出的位置，强调加强计量和数字技术深度融合，为发展数字经济夯实测量基础。

根据我国现行计量法律法规的规定，计量的主要任务有两项：一是要统一计量单位；二是要建立量值传递体系，通过计量基准复现计量单位，并通过计量标准、计量器具等将量值传递到实际测量活动中，确保测量结果准确可靠。由此可见，计量与测量密不可分，计量是为了保证测量结果

的准确可靠而开展的技术和管理活动的统称。没有计量，就不可能有准确可靠一致的测量。同样，计量工作也应当紧密围绕测量需求而展开。

长期以来，传统计量工作主要围绕测量单位、测量标准和测量器具进行制度设计和组织实施，但对测量技术、测量方法、测量过程、测量结果等却没有明确的规定和要求。数字技术应用正在为世界带来一场革命，给计量工作带来挑战的同时，也带来新的机遇。

计量和数字技术深度融合，为发展数字经济夯实了测量基础，也让计量在数字时代焕发勃勃生机。随着计量数字化转型的不断深入，促进科学计量、法制计量、民生计量、产业计量等全方位深度应用新一代数字技术和信息技术，规范促进计量器具智能化、网络化等是现代计量技术发展的重要内容。

计量数字时代的到来，不仅带来技术层面的颠覆，还带来计量管理上的变革。

（1）计量管理与数字化信息技术概述

计量管理主要包括计量技术、计量经济、计量行政和计量法制四个方面的管理，无论是法规管理方法还是企业文化管理方式，都是"命令支配"模式下的管理。现代化的管理模式，更加注重专业性和协作性，所以传统计量管理模式已经难以满足具体管理需求。随着网络时代的到来和数字化、信息化技术的广泛应用，计量管理领域正在发生深刻的变革。数字化信息技术为构建智能化、自动化的计量管理体系提供了全新的方法。该体系融合了技术、成本和行政等多个方面，使得计量管理能够更加高效、准确地进行。

数字化信息技术在计量管理中的应用，就是利用计算机网络，在企业内部构建一个管理平台，在平台内对计量管理的各个层次，比如决策层、管理层和执行层进行管理，在平台上，相关的计量数据等其他信息可以整体共享，利用网络进行高速的信息传递，实现实时的工作处理，提高管理效率和管理水平。

①数字化信息技术能够有效提高计量管理水平

数字化信息技术可以使整个计量管理流程更加快捷，管理工作更加智能化。网络环境下的计量管理通过分层的模式，让决策层可以尽快地掌握整个管理体系的实施情况，具有集中汇总管理数据并进行分析的能力，是正确决策的重要依据。管理层和执行层的具体工作，对计量数据进行处理和分析，解决了手工计量的相关问题，工作更加高效，计量也更加准确。所以说计量管理数字化能够有效提高计量管理的效率，提高计量管理工作的准确度，是提高计量管理水平的必需。

②数字化信息技术能够大幅降低计量管理成本

信息化、网络化的计量管理通过网络将各个管理部门联系起来，形成一个虚拟的整体，决策层对集中获取的数据进行处理和分析，减少了数据统一收集的难度，来自网络的数据信息速度也更快，更适合处理一些实时性问题。同时，网络化计量管理还通过网络传递执行决策的相关信息，减少了决策与执行的时延，也减少了管理体系中的层级，保证了信息的准确性和时效性，让整个管理体系更加精简，一定程度上降低了计量管理的管理成本。

③数字化信息技术能够增加计量管理弹性

数字化信息技术的应用使得管理工作空间更加灵活，网络互联使得工作更加开放和便捷。此外，局域网络还能够实现高速的网络信息传输，减少人工递送纸质材料的时间和成本。当管理者利用计算机进行数据处理时，可操作性更强，而利用网络还可以实现协同工作，从而使计量管理工作的形式更加多样化。这种方式可以简化工作细节，同时提高工作效率，从而使整个计量管理更加有序。

（2）计量管理数字化信息技术应用

①总体思路

首先要对计量管理中的政策法规、技术、成本和文化等建立相应的管理模型，再根据各个管理要素之间的逻辑关系，建立整体管理体系模型。简单来说，就是将法规管理、行政管理、技术管理、成本管理和文化管理等进行数字化建模，并进行网络化运行，从而构建计量管理网络，通过各模型的智能化管理实现智能判断、提示和分析功能。

法规管理模型：针对法规条款进行数字化处理，通过不同的业务分类、设备分类和计量方法分类，设计三级划分目录，对划分的过程设置判断条件，通过网络的扫描信息来实现相关的判断分支。此外，还要增加人工环节对选择进行审核，其相比传统人工模式减少了审核工作量，自动判断的效率更高，数据处理更加可靠。

行政管理模型：从计划、指令、反馈等环节进行设计，需要制订年度计划，对工作进行细化分解，生成相关工作指令，对每条工作指令设置一定的反馈。行政管理的过程是在管理者制定的工作目标下，通过模型分析为各级员工分配相应的工作，依次生成对应的工作指令，根据工作指令完成工作并进行反馈，最终通过反馈内容对工作进行考核。

技术管理模型：技术信息的生成、归档和自动调用。根据管理的具体要求，对相关要素进行分类并记录，形成不同方面的专业信息归档，当新任务到达时可以自动链接到相关技术信息。

成本管理模型：预算、成本和收入分析。根据年度计划和工作指令的完成情况，在经费的相关指标下，对设计、材料、实验和认识方面的开支进行估计，自主判断实际的成本情况，利用支出、成本和收入的关系进行详细的分析。

②计量管理系统功能

计量基础档案管理功能：提供完整的档案管理服务，档案包括人员资料、计量仪器、计量数据等。计量仪器的管理要对计量仪器的型号、数量、工作规则等进行记录，取用计量仪器应做好记录，计量数据也要及时建档。

计量体系管理功能：对计量管理的相关文件进行管理，比如程序代码，便于日后功能的添加和漏洞的修补；主动对操作规程和校准规程进行调整，降低文档存储复杂程度，也利于技术更新，重新制定相关规程；可对计量管理制度进行修改，在管理网络中可以得到及时的通知和应用。

③计量管理系统的使用

在完成整体系统的搭建后，首先进行相关数据的采集和建档工作，建立管理数据的数据库并将其与相关功能模块进行链接，以便在管理系统中实现共享使用。然后对管理系统进行联调，比如登录系统、数据处理、功能响应等，及时按照功能要求进行修改。

通过数字计量信息管理系统的平台建设和使用，将计量技术机构管理、设备管理、计量计划管理、人员队伍建设及管理、计量项目管理、档案资料管理、器具收发管理、证书在线编辑与签发、规范化证书管理、计量结果管理、计量需求计划管理、完成情况管理等功能集于一体，辅以实时的智能化预警提示、自动报表、过程监控等功能，实现计量业务全过程控制和监督，将有效解决计量工作信息化程度低、数据共享不充分不及时等问题，大幅提升计量管理的规范化、专业化、信息化水平。

第二节 "计量 + 网络化"深度融合物联网，迈入智能互联

一、物联网

物联网已得到世界各国的广泛关注和重视，被认为是继计算机、互联网之后世界信息产业的第三次革命浪潮。我国早在 2009 年就提出"感知中国"战略，已正式将物联网上升为国家重点发展的五大战略性新兴产业之一。

物联网是将物体按照约定的协议进行通信和信息交换，实现物体和物体之间的互联互通以及智能化识别、定位、跟踪、监控和管理的一种网络。

按实现功能的不同，物联网构架可划分为四个层次，即标识层、感知层、传输层和应用层。标识层是对物体身份信息的获取，其核心元件是 RFID；感知层是通过各类传感终端设备获取物体的静态和动态信息，其核心元件是传感器；传输层实现通信和信息交换，其核心元件是无线数据通信网络；应用层实现信息的识别和反馈，其核心元件是智能芯片。

二、物联网计量模式构建

目前，我国智能计量行业呈现蓬勃发展态势，未来随着物联网技术的发展，我国计量行业将进入物联网计量时代。物联网计量特征，主要有以下三个方面：一是物联网计量实现计量器具在线校准、远程校准，对计量器具进行全生命周期管理，保证计量数据的可追溯和精准测量；二是物联网计量要求仪器仪表产品的标识在工业互联网上能被识别，而标识解析体

系是工业互联网网络体系的重要组成部分，是支撑工业互联网互联互通的神经枢纽；三是物联网计量对于构筑制造业和数字经济高质量发展的现代工业产业体系、支撑智能制造产业质量的全面提升将发挥重要作用。

物联网计量模式构建主要在于计量信息感知层、计量信息网络层和计量信息应用层。

①计量信息感知层：在该层内测量设备识别及身份信息确认主要依靠RFID标签，该项技术起源于 20 世纪 90 年代，属于一种自动识别技术。该技术应用原理为采用射频信号在空间耦合的作用下，传递无接触信息，并利用传递信息识别目标。在物联网内，需要实现被测物体的识别、定位、追踪和管理，其中，识别技术方面，常用的自动识别技术包括条形码和RFID技术。与条形码相比，RFID技术具有以下优势：防水、防磁、耐高温、加密数据，而且更容易修改存储的信息。计量标准器具配备智能接口，具备实时测量的能力，同时，还能对测量设备RFID标签进行有效读取，以此获得测量设备静、动态计量信息。

②计量信息网络层：能够及时把测量设备的计量信息向计量信息应用层传递，属于中间层。也就是说，利用无线通信Zigbee技术、GSM通信技术或Wi-Fi通信技术等将感知层取得的计量信息向应用层传递。

③计量信息应用层：可准确判断获得的测量设备计量身份信息与运行信息，并对比分析获得的数据和计量标准，从而对此测量设备的使用状态进行判定。如测量设备或计量装置处于失效边界，应及时检定或校准此计量装置，保证计量检测结果准确无误。

三、基于物联网的智能化计量技术和传统计量技术的区别

随着第四次产业革命的到来，新一代互联网技术得到了快速发展，特别是整合 5G、人工智能、大数据、区块链、物联网技术的应用项目正在加速推进，不可避免地，仪器仪表行业也受到了这方面的影响。例如，新一代的互联网智慧计量溯源存证管理系统综合运用了人工智能、物联网、大数据、云计算及区块链技术，而项目的突破口就在于区块链电子秤等计量器具。智慧计量的 4 个基本环节是测量设备智能化、测量数据传输智能化、测量数据分析智能化、测量数据应用智能化，这 4 个环节形成了数据获取、数据传输、数据分析、数据应用的整个链条，而智能仪器仪表是数据获取中的重要一环。

与传统计量器具比较，智能电子溯源秤里安装的芯片不会轻易被改动，通过加装封缄，大大减少了私自改装的风险，从而保证了计量数据的准确性。同时溯源系统的发展也保证了计量器具在全寿命周期内的数据使用、存证管理，定期对电子溯源秤进行强制检定，确保计量准确。目前，这类计量设备已经在电能领域实现了应用，为创新电力市场电能计量模式、完善量传溯源体系、建立公平有序的竞争环境打开了新局面。

四、物联网计量仪器仪表

现实世界上的万事万物，小到手表、钥匙，大到汽车、楼房，只要嵌入一个微型感应芯片把它变得智能化，这个物体就可以"自动开口说话"，再借助无线网络技术，人们就可以和物体"对话"，实现物体与物体之间的"交流"。

物联网有如此大的作用，一旦顺利普及，就意味着几乎所有的电器、

家居用品、汽车制造都急需更新换代，同样，计量仪器仪表行业也会呈现出全新的发展面貌。

传统计量工作的目的是量值的准确传递和计量单位的统一。传统的计量器具管理方法在"生产、流通、检定、维修"之间各自为营，信息难以共享。随着物联网计量的普及，传统计量方法将发生重大变革，从传统的实验室测量转变为在线测量，从静态校准转变为动态实时校准，从单一参数校准转变为多参数耦合校准，并且由独立的仪器、设备计量转变为系统综合计量校准。将物联网技术应用在计量检测器具领域内，具有如下优点：

一是对强制检定的计量器具的使用情况进行动态跟踪和监管，突破了时间、地域和人员上的限制，有利于落实计量器具强制管理的法律法规；二是对计量器具的性能、参数等信息进行实时采集，可从根本上改变传统的预定周期的检定模式，有利于实现工作用计量器具的动态化管理，形成事前质量管理的科学的检定模式，有效避免了约定检定周期与计量器具质量状况间的不匹配矛盾，为企业节约运营费用，也提高计量器具的使用效率；三是有利于实现对计量器具的集约化管理，推动计量器具的外包服务模式发展，形成计量检测机构为企业提供一站式服务的工作模式，让企业将更多的精力投入到主营业务上。

物联网计量时代，物联网技术与计量仪表结合产生的智能计量仪表就是当前新的潮流。例如，民用"四表"如果使用智能基表系统，不仅对于售电公司大有益处，而且对于客户本身也是一种全新的服务，它帮助破除传统人工计量的弊端，减少了人力消耗，减少了能源消耗。

第三节　"计量＋智慧化"服务于数字化质量提升，打造质量生态

2005 年，联合国贸易发展组织（United Nations Conference on Trade and Development, 英文缩写 UNCTAD）和世界贸易组织（World Trade Organization, 英文缩写 WTO）共同提出 NQI 的理念。2006 年，联合国工业发展组织（United Nations Industrial Development Organization, 英文缩写 UNIDO）和国际标准化组织（International Organization for Standardization, 简称为 ISO）在总结质量领域 100 多年实践经验的基础上，正式提出计量、标准、合格评定（包括检验检测、认证认可）共同构成 NQI（见图 4-1），指出计量、标准、合格评定已成为未来世界经济可持续发展的三大支柱，是政府和企业提高生产力、维护生命健康、保护消费者权益、保护环境、维护安全和提高质量的重要技术手段。

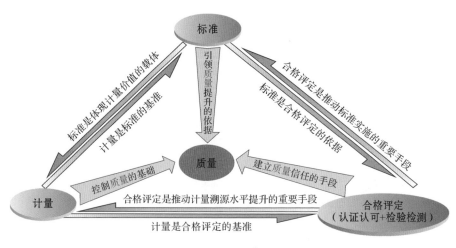

图 4-1　NQI要素关系

计量是控制质量的基础，标准引领质量提升，合格评定控制质量并建立质量信任，三者形成完整的技术链条，相互作用、相互促进，共同支撑质量的发展。

质量管理数字化是通过新一代信息技术与全面质量管理融合应用，推动质量管理活动数字化、网络化、智能化升级，增强产品全生命周期、全价值链、全产业链质量管理能力，提高产品和服务质量，促进制造业高质量发展的过程。

推进质量管理数字化是一项系统性工程，要以提高质量和效益、推动质量变革为目标，重塑数字时代质量发展理念，推动质量管理范围从企业质量管控向生态圈协作转变，加强对产品全生命周期、产业链供应链乃至生态圈协作质量的管理。

作为控制质量的基础，计量被称作工业生产的"眼睛"和"神经"，产品生产过程中每个环节质量控制水平的提升，都离不开精准的计量。在质量管理数字化的过程中数字化计量发挥着重要的作用。

新一代的智慧计量系统，综合运用了大数据、云计算、物联网、人工智能、量子信息技术及区块链技术，实现测量设备智能化、测量数据传输智能化、测量数据分析智能化、测量数据应用智能化，形成了数据获取、数据传输、数据分析、数据应用的整个链条，为数字化评价质量和质量生态的打造夯实了基础。

（1）面向产品全生命周期和全产业链的数字化质量协同对计量和测量提出了新的要求[①]

[①] 工信部 . 关于印发制造业质量管理数字化实施指南（试行）的通知 . 工信厅科〔2021〕59 号 .

实现数字化并实现业务集成运作的企业，要推进基于数字化产品模型的研发、设计、生产、服务一体化，加强产品全生命周期的质量信息追溯，提升产业链供应链各环节质量数据共享与开发利用，推进数据模型驱动的产品全生命周期、全产业链的质量策划、质量控制和质量改进，加强产业链供应链上下游质量管理联动，促进多样化、高附加值产品服务创新。

①完善计量、标准和检测认证服务。在现有领域已发布的相关标准规范基础上，鼓励标准化组织、行业协会、社会团体、重点企业围绕质量管理数字化建立标准和规范，加强标准宣贯、应用服务和实施效果评估。面向产业集聚区，推动建立和完善面向质量管理数字化的标准研制、产业计量、检测认证等公共服务体系，培育提供咨询诊断、项目实施和运行维护等全流程质量管理数字化提升服务的专业机构。

②强化计量、检验测试数字化管理。企业应根据质量管理数字化要求，完善检验测试的方法和程序。推动在线检测、计量等仪器仪表升级，促进制造装备与检验测试设备互联互通，提高质量检验效率，提升测量精密度和动态感知水平。运用机器视觉、人工智能等技术，提升生产质量检测全面性、精准性和预判预警水平。

（2）面向社会化协作的质量生态建设对计量提出了新的要求

具备平台化运行和社会化协作能力的企业，通过质量管理相关资源、能力、业务的在线化、模块化和平台化，与生态圈合作伙伴共建质量管理平台，加强质量生态数据的收集整理、共享流通和开发利用，推动质量管理知识经验对外输出和迭代优化，构建客户导向、数据驱动、生态共赢的质量管理体系和商业模式，逐步打造形成质量共生共赢新生态。

随着质量管理的数字化、智能化，计量服务的标准化、信息化、智能化进程大幅推进，客户业务办理移动终端平台、客户关系管理平台等面向客户的业务服务信息平台逐步服务于社会化协作的质量生态建设。

计量生产管理业务方面实现全面信息化，仪器设备、最高标准档案质量监督与控制等体系相关管理事项，订单接收、业务办理、发票开具、汇款结算等业务相关事项，全部纳入信息化系统，实现客户仪器设备的全生命周期管理、计量校准周期预警、智能送检和条码管理等功能。建立多功能移动客户端，PC 端 + 移动端为用户提供"一站式、全天候、零距离"的在线填单约检、计量检测进度查询以及咨询、缴费、电子证书下载服务。

第5章

主要发达国家经验与启示

在数字时代，发达国家已逐步开始构建本国的先进测量体系，利用信息网络、物联网、大数据等，将计量嵌入核心产品和系统中，并在一些新技术中取得了成果，如氢燃料电池、放射疗法、全球卫星导航、无线通信等。未来，计量数字化将继续在创新中发挥关键作用。尤其是德国、美国、英国等欧美发达国家，日趋重视先进测量体系数字化发展，不断加大对先进测量体系数字化的科学研究投入，以此谋求新一轮全球竞争中的优势地位。

国家计量技术机构是典型的国家战略科技力量，因此这些国家在数字化赋能先进测量体系建设过程中以国家计量技术机构的推动作用为主，所以本书主要通过梳理与总结德国联邦物理技术研究院（PTB）、美国国家标准与技术研究院（NIST）、英国国家物理研究院（NPL）的经验与做法，系统阐述了德国、美国、英国在数字赋能先进测量体系构建方面的主要经验与发展方向，以期为我国的先进测量体系数字化建设提供有益参考。

第一节 德国

德国测量体系涵盖了科学计量、法制计量和工业测量领域，同时还包括校准实验室认可、测量仪器供应、技术人员培训等相关内容。近年来，德国持续致力于先进测量体系数字化转型的研究，并在研究中发现数字化转型的关键在于构建数字化思维方式，制定并实施数字化战略，推动一体化融合发展。

一、概述

PTB 成立于 1887 年，是德国的国家计量技术机构，承担着政府计量管理的职能，是行政管理与技术研究二合一的机构，隶属于联邦经济和能源部（BMWi），总部设在布伦瑞克，在柏林设有分支机构。PTB 的职责贯穿了德国测量体系的各个领域，其主要职责为：一是负责研究建立统一的德国国家计量基（标）准，确保国内基准满足欧盟与国际要求，同时承担德国各州计量检定机构计量标准的溯源；二是为国家工业计量能力提供保证，负责校准实验室的认可工作；三是负责国家法律规定的计量工作和商贸、医药、环境等领域计量器具的型式批准工作；四是与欧洲及国际法制计量组织进行交流与合作。

在法制计量领域，PTB 需对德国各州的计量部门进行量值传递，并负责测量仪器的一致性评价，保证测量仪器测得的量值准确可靠。在测量仪器投入使用后，由各州计量部门负责对其进行周期性检定。在科学计量领域，PTB 负责计量学基础研究和应用技术开发（包括复现计量单位、建立和保存国家基准、研究新的测试原理和方法等）。在工业测量领域，PTB通过联邦政府的资金支持，或通过与高等院校合作，开展测量技术课题研究，其研究成果将以成果转移的形式提供给提出测量需求的企业。同时，PTB负责各校准实验室的量值传递，保证工业应用各领域的量值准确。校准实验室均需要通过德国国家认可委员会（Deutsche Akkreditierungsstelle GmbH，DAkkS）的认可。各州计量部门的检定人员需要通过德国计量学院（Deutsche Akademie für Metrologie，DAM）的培训，方可从事相关业务。

先进测量体系的数字化转型是一个持续的过程，是数字经济时代无法舍弃的锚点。德国近年来持续致力于先进测量体系数字化转型的研究，在研究中发现计量数字化转型的重要特征之一是学科交叉程度很高，其包含基于多样化测量程序的复杂性和网络化技术，这些测量程序必须具有计量特征，以确保可靠。然而，自动驾驶和异构传感器网络等先进技术的发展带来的大量数据、通信问题，使得传统的计量方法正日益达到其极限。因此，需要将多样化的测量原理和复杂的数学模型与统计方法甚至是人工智能等新技术相结合，以此突破传统计量技术的极限。从长远看，只有转变计量的整体思维和工作方式，转变成"整体"或"系统"计量，才能应对所有这些挑战。

PTB作为德国国家计量机构，为积极应对先进测量体系数字化转型所带来的挑战，在宏观战略方面，制定并发布了《计量未来的发展趋势——数字化转型挑战》，在战略框架内确立了4个有关数字化转型的核心目标，并布置了各类有效的数字化测量工具，从数字校准证书和虚拟测量仪器到研究数据管理，以及数字支持的测试和审批流程，包括不受软件形式干扰的数据处理方法；在组建机构方面，PTB建立了虚拟测量仪器计量中心

（VirtMet），专门进行跨学科研究，并汇集专业知识创建具体的虚拟测量方法，处理更高级别的问题。这些都为数字化转型过程中关键的复杂网络系统和人工智能技术发展打下了良好的基础。

本节结合 PTB 在 2020 年发布的《计量未来的发展趋势——数字化转型挑战》中阐述的核心目标，对其具体内容及典型项目进行剖析，以深入了解当前德国在先进测量体系数字化转型中的重点发展方向，为我国该领域的数字化转型提供重要参考。

二、数字校准证书助力实现测量一致性

为了能够在数字化的世界中确保测量的一致性，PTB 开发了 DCC。DCC 是基于计量领域已实施的规范和标准、分层结构和可扩展标记语言（XML）模式的证书。德国 VirtMet 正在研究真实测量与虚拟测量的可比性，并研究 AI 的客观评估方法。目前，在数字校准证书方面，德国 DCC已经形成了一个稳定的版本，并逐渐成为协调计量、科研和工业领域国际合作伙伴关系的基础；在虚拟测量仪器计量方面，德国启动了多个跨领域、跨机构的合作项目，并取得了阶段性成果；在 AI 方法评估方面，重点对先进测量体系数字化在医学领域中的应用进行了研究，并发布了第一批应用程序。

专栏一：DCC

有别于传统的纸质校准证书，DCC 机器可读的特性使其能够更加方便快捷地服务用户，并为日益普遍的制造数字化和质量监控流程提供有力的支持。PTB 开发了满足所有国际要求的 DCC，这是传统纸质校准证书向机读

文件转变的第一步。未来，所有计量信息和相关元数据都能够以正确且通用的方式传输，无须在不同媒介之间切换。

DCC 的基本结构如图 5-1 所示。

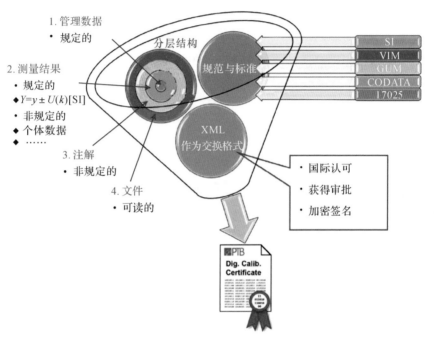

图 5-1　数字校准证书（DCC）的基本结构
资料来源：中国计量科学研究院网站、PTB网站。

①管理数据包含基本信息。它们是必不可少的明确标识，因此其数据字段是默认定义的。

②如果基于国际单位制的如下内容得出测量结果，则该部分会受到规定：符号、测量值、扩展测量不确定度、覆盖率、单位与时间（可选）。此外，SI 以外的单位也可以使用（比如海里、毫米汞柱等），但无论如何，以国际单位制表示的内容始终适用。

③注解和图表保存在非规定区域。数据也能以现有的数据交换格式存储在此处。

④一份可读的文件是 DCC 的补充。

在数字支持方面，由于 DCC 是基于国际认可和批准的交换格式 XML 新开发的，并且是可机读的，因此能够将数值校准曲线在内的所有显示内容直接或自动转换为数字支持流程。同时，使用加密签名作为安全程序，确保校准证书的完整性和真实性。DCC 所使用的加密程序已经在德国联邦政府的政务登记处、废品管理以及采购等部门使用，可靠性得到了验证。

目前，PTB 正在对 DCC 开展进一步的研发工作，"数字复制品"能够包含更多的数据和软件，并实现测量过程模拟。物理砝码已经制造出类似的数字复制品，即"数字砝码"，且成功通过测试。"数字砝码"包含了砝码在特定环境条件下预期行为的校准和预估信息。

三、研究结果和数据的可持续利用[①]

由于数据驱动型的研究业务只有在可靠的数据和数据可重复使用的情况下才能顺利开展，因此资助机构越来越多地要求相关研究机构运用"四可法则"（FAIR）开展相应的研究与应用。"四可法则"要求对研究结果进行适当的记录，并长期存档，尽可能向公众公开。

通过"四可法则"，以前评估和发布过的数据就可以重新作为基础资料用于新的研究工作中。该法则也逐步被用于工业领域，其中具有代表性的是数字基础设施系统。该系统将和欧洲云及数据基础架构 GAIA-X（欧

---

① 林雪萍，张耀文．德国精密计量的进化．中国计量，2022（4）：65-70.

洲最大的大数据中心）进行连接。基于数字基础设施系统产生的数字质量基础设施"QI-Digital"也逐渐呈现在大众面前，规范整个过程的数字化，寻找全新价值创造。

近年来，德国为确保数据能在"四可法则"下使用，积极参与科学研究领域的各项活动，如元数据、数据质量和数据持久标识符的标准化等。而在欧洲开放科学云领域（EOSC），德国则在欧洲计量组织 EURAMET 的活动框架内参与，推动数据使用遵守"四可法则"。

同时，作为德国国家计量机构，PTB 也积极开展了以数据为基础的研究和开发，以确保能够实现数据质量可靠和数据可重复性使用的目标。为达成这一目标，迫切需要解决在数据管理、软件质量框架开发、建立电子实验室手册以及在数字环境中一致地使用元数据和词汇的问题。原因在于，数据格式要经受物联网（IoT）和信息物理系统等新的数字环境考验，就必须做到被机器和人类无误地理解。如果数据格式不可靠，诸如医疗保健或家用电表等数字应用程序出现问题，其后果将难以想象。

为此，2019 年，PTB 联合工业界和研究合作伙伴成功开发了基于国际单位制的智能计量数据通用元数据模型（D-Si）。目前，D-Si 已经被广泛应用于欧洲旗舰智能通信项目（SmartCom）和数字化转型校准测量系统项目（GEMIMEG-Ⅱ）的机器可读 DCC 中。

未来，国际计量界将通过 CIPM 进一步协调智能计量数据格式。PTB 在 2019 年新成立的两个 CIPM "数字 SI"委员会中担任领导职务；2020 年，CIPM 批准了委员会提出的基于 SI 的数字数据、服务和工具的共同概念，并鼓励 PTB 等国家计量技术机构进一步推动计量数字化发展。

四、测量仪器与测量数据的一体化

在监管领域，基于现代通信和信息技术的测量设备，在行政审批与合格评定方面存在过高的监管壁垒，导致制造商认为过于复杂的测量与合格评定会阻碍创新，并担心这种状态会在未来长期竞争中处于劣势地位。当下，由于受制于不同的法律和组织框架，测量设备无法做到数字化连接，因此测量数据和测量设备在计量工作中基本上是分开的。然而，在数字化转型的过程中，由于两个领域使用了类似的组件，数据实际是在跨两个领域的边界进行应用，所以从前严格划分的边界正变得越来越模糊。因此，在数字化的网络经济和工业活动中，为满足法律和工业计量要求，迫切需要研究制订关于测量数据和测量设备真正实现数字化连接的一体化方案，使测量设备和数据成为一个整体。方案的重点应是跨应用领域的数字接口和互操作性。

为此，PTB 启动了一个试点项目，用于建立全面的数字基础设施，将现有但未数字化连接的测量设备与数据库"计量云"整合在一起，推动测量数据和测量设备实现数字化连接，促使测量设备数字信息能够被有效使用，即"设计计量"。PTB 积极促进测量设备数字信息与"D-Si"元数据模型、计量云、校准和合格评定的数字证书等活动中的应用连接。PTB 还与德国机械设备制造业联合会（Verband Deutscher Maschinen und Anlagenbau，VDMA）合作，在开放平台通信统一架构（OPC-UA）通信标准过程中实现工业 4.0 应用的"D-Si"元数据模型导入，并在化学标准中与国际过程工业自动化用户协会合作。

专栏二："计量云"

　　"计量云"是 PTB 为实现质量基础设施中流程数字化转型而开发的，是一个法定计量数字化过程的分散平台，其基础是每个合作伙伴可信赖的核心计量平台，用于计量服务的协调、集中、简化、统一和质量保证。"计量云"旨在实现对现有数据基础设施的耦合，通过合并现有基础架构和数据库来支持和简化监管流程，并为所有利益相关方（合格评定机构、市场监管部门、制造商、用户）提供差异化的安全访问服务。

　　PTB 开发与欧洲计量云的接口，将德国"计量云"逐步扩展为"欧洲计量云"。该接口可实现使用存储在其中的设备数据，提供完全数字化过程的服务。在此质量基础架构中，"计量云"为法定测量开发参考体系结构以及技术和数据驱动的数字服务。"计量云"的一个重要特征是基于分布式分类账技术（如区块链），这确保了数据的安全性，防止篡改和伪造。通过"计量云"，相关机构可访问其基础架构中的必要数据，还可以在数据上建立自动化的数字流程，称为"智能合约"。

　　"计量云"作为数据的中央接入点，是有效使用现代大数据分析方法的先决条件，数据的持续可用性使得对未来发展进行预测成为可能，实现从简单的计量监控向深层次统计分析的技术性转变、从事后的补救向事先预警的重大转变，并提高测量、校准、验证的效率。

五、高效、安全地使用数字技术

　　数据隐私、信息安全开发和使用数字技术的工作流程及高质量的基础设施流程中"安全性"和"设计私密性"的方案对于确保各个参与方的互信是不可或缺的。这意味着在硬件和软件的开发过程中，一方面从一开始就考虑数据保护，另一方面又尽可能地减少漏洞，减少对攻击的敏感性。德国数字化转型的各个组成部门通过特定方式组合在一起，从而形成一个统一的整体构架。PTB 有意依赖免费开源软件，来扩展用于通信和协作的数字工具，以便以后这些工具可以与其他工具无缝融合。新工具将通过涉及用户和数据隐私、信息安全和数字化方面的专家得到联合评估。

在 PTB 的数字工具箱中，有两个重要的数字构件模块。

一是电子文件系统。它是一个中央电子文件管理系统，可以方便地存储和检索 PTB 所有的文件，并支持共享协作，不同领域的资源陆续被纳入该电子文件系统中。为了确保高效使用电子文件系统，PTB 为其员工提供了全面的培训和电子文件系统使用方案；同时，这些方案越来越多地被虚拟化、线上化，并特别增加了视频说明。

二是客户门户网站（E-services）。有了这项服务，德国将建立基于网络的订单数据处理系统，并与 PTB 的电子文件系统紧密连接。E-services 将成为合格评定和校准领域客户的中央数字联络点，并确保信息的轻松上传和订单管理。"计量服务数字化工作流程"的目标是将这些构件模块与其他数字开发工具集成起来。

专栏三：客户门户网站（E-services）

PTB 在其研究和开发工作的基础上，提供广泛的计量服务，这些服务内部流程的数字化转型跨越了所有部门和主要领域，为计量服务提供相互关联的数字工作流程。

PTB 内部所有项目都以数字方式相互关联，从而提高协同效率，并提供新的动力。持续的数字化工作流程使工作交流、沟通的效率和透明度更高，为 PTB 员工及客户提供了更多便利。服务的工作流程主要包括：下订单、处理订单、进行测试、创建证书、出具账单、发送证书。

计量服务数字化工作流程的一个重要组成部分是 E-services，它是所有 PTB 合格客户的服务支持系统。未来，PTB 与客户的沟通可以完全通过这个平台来实现信息交换。个人客户账户还用于收集和维护管理数据，通过统一的 Web 界面，个人客户可以直接轻松地将所有服务选择订单提交给 PTB，并将所需的文档上载为机器可读文档。这些内容与所有相关的元数据一起直接传输到 PTB 的电子文件中。此外，通过系统存储的订单列表，客户可以方便地随时查看当前的处理状态，也可以提出后续申请，而无须重复提交具体材料。

PTB 通过直接链接电子文件，提高计量服务数字工作流的透明度。使用电子服务中自动生成的元数据，在电子文件中为订单创建相应的指令，已实施的文档模板有助于记录和评估收到的文档。电子文件中明确定义了计量服务数字工作流所需的处理过程和路径，确保了工作的透明度，提高了工作效率。与每个作业关联的元数据将在未来的每项新工作中被逐步使用和扩展，以便它们最终可以直接且持续地用于数字证书的创建。在颁发证书之前，PTB 将继续对设备、软件等进行测试。为了确保持续的数字流程，PTB 目前正在为已经使用的各种工具开发合适的接口，必须确保从电子文件元数据到指定测试实验室的数据流以及随后的稳定传输。

PTB 在流程处理过程中推动数字可持续发展，通过开发协调的数字格式来传递校准结果，保证人类和机器均可以使用这些结果，并推动了 DCC

不断更新，进一步实现持续且自动化的数据链接，这在模拟校准出现之前是不可能或低效率的。

第二节　美国

在美国先进测量体系数字化转型的过程中，AI 越来越多地发挥着催化剂的作用，极大地加速了数字产品和服务的发展。与经典算法相反，采用 AI 方法的算法是在数据的帮助下形成新的智能模式识别。NIST 作为美国国家计量研究院，近年来重点推进 AI 在计量领域的应用，通过 AI 工具对先进测量体系数字化应用进行更加深入的研究。

一、概述

NIST 成立于 1901 年，原名美国国家标准局（NBS），1988 年 8 月，经美国总统批准更名为美国国家标准与技术研究院，是美国的国家计量管理及技术机构，隶属于美国商务部，其运营费用列入美国联邦财政预算。由于美国的联邦制国家体制和普通法系的判例传统，美国国家计量机构的立法体制采用的是一种"分散型"的立法模式。NIST 成立至今的 100 多年里，为了应对经济社会发展和科技进步的实际需要，美国国会先后制定了 20 余部法律，不断赋予 NIST 新的权力和职能。因此，NIST 的法律地位和法定职责并不是通过一部立法规定的，而是由众多部立法共同规定和赋予的。NIST 作为美国商务部所属的管理机构，对全国法制计量工作进行业务指导，提供全国最高等级的量传溯源服务，制定并保存国家计量基准和高等级计量标准。

NIST 近年来重点发展 AI 相关技术，将 AI 视为数字化推动未来技术进步的重要基石，推进 AI 在计量领域的应用。而随着 AI 应用领域的不断扩大，测量的数字化需求也在增加，这是 AI 应用反向倒逼的一个结果。如何更好地推动先进测量体系数字化转型落地，是当前 NIST 亟待解决的问题。

本书对美国的计量数字化相关技术的应用案例分领域进行了列举说明，着重对 NIST 研究的人工智能与计量数字化相结合的案例进行介绍，用以了解美国当前在先进测量体系数字化转型过程中的情况。

二、先进测量技术助力现代医疗发展

（1）深度学习（DL）用于 MRI 影像分析

在美国，医疗保健是国民经济的重要组成部分。在过去几十年中，医学影像检查已成为一种辅助医生诊断和治疗的重要工具。然而，这个工具中涉及的计量学内容却与 SI 无关。

从技术角度来看，医学成像技术在使用过程中会产生海量的数据。随着技术的发展，基于深度学习的人工智能系统已成为对这些图像进行定量分析的关键计算方法。

NIST 开展了一个数字计量应用于医疗领域的项目，该项目旨在启动计量和标准基础设施开发，以确保基于 DL 的医疗系统根据经过验证的物理数据运转，并能够为医疗服务提供可靠、准确和可解释的测量技术支持。

未来，NIST 将从三个方面进一步推进 DL+AI 在医学影像领域的应用：

①使用 NIST 的 MRI 扫描仪创建一个新的 MRI 参考伪影，用于评估几何失真。这个新的伪影足够小，可被放入扫描仪内，并具有足够的间隙，

以满足扫描仪内的定位变化。NIST 将使用这个工具生成一个数据集，然后评估现有基于 DL 方法的准确性。

②开发目标明确的 MRI 仿真能力，重点关注与 MRI 参考伪影相关的物理特征、扫描类型和分析路径。NIST 将利用这一能力来重现受试者的 MRI 成像组件等，开发具有针对性的 MRI 模拟能力。

③将基于 DL 的 MRI 转换问题原型化。这将从复制现有的实现自动映射（AUTOMAP）的结果开始。

（2）精准医疗

精准医疗的实施依赖于准确的测量，前提是有计量作为刻度准确的"尺子"或"砝码"，以保证测量结果的准确有效。据统计，医生诊断结论 80% 的信息来自临床检验结果，如果胆固醇检测偏差减少 3%，临床诊断假阴性率将降低 9%—20%；如果肿瘤标志物的检测偏差减少 10%，假阴性率将降低 10%—50%，因此通过计量标准的使用提升检验结果的准确度，势必大幅提高诊断的可靠性。可以说，计量是实现精准医疗的钥匙（史玉成，2016）。

从 2009 年起，美国 NIST 在蛋白质组和基因组测量标准研究上持续投入经费，旨在为医疗卫生行业提供精确测量标准并提升产业竞争力。例如：

①开展体外诊断计量标准研究，研制了心肌钙蛋白 I 等一系列体外诊断标准物质，保证临床检验结果的准确可靠。研制的标准物质为美国企业生产的葡萄糖和胆固醇试剂盒提供溯源保障，来满足欧盟 IVD（体外诊断医疗器械）导则要求，为美国体外诊断企业赢得了欧盟 70 亿欧元市场中 60% 的份额。

②开展治疗性生物医药计量标准的研究。启动了治疗性单克隆抗体

研究专项，通过准确的质控与数据分析，将新药研发成本降低了25%—48%，并将新药审批周期从122个月降低到98个月，在实现精准治疗的同时增强了国家精准医疗生物产业的竞争力。

以治疗性单克隆抗体药物表征方法为例，NIST针对治疗性单克隆抗体药物的研发，制订了详细的研究规划。计划分三步走：首先开展单克隆抗体表征技术的研究，发展新的表征技术，采用尽可能多的手段全面表征抗体的各种性质；其次研制单克隆抗体标准物质，配套参考数据库；最后尝试在生物制药企业进行推广应用。经过上述步骤，治疗性单克隆抗体药物表征结果更加准确可靠，既可以显著缩短新药研发周期，又可以降低新药研制成本，带动生物医药产品质量的提升，从而有助于提高整个生物产业的竞争力。NIST已经研制出了治疗性单克隆抗体标准物质RM 8671，可以用于相关产品的表征方法开发及质量控制的验证。

（3）细胞电子测量

电子测量方法，是利用细胞的某些物理特性来区分细胞因暴露于治疗而产生的行为变化。电子设备可以感知细胞从一个地方到另一个地方的运动，这可以提供有关转移性癌细胞的移动性、心脏细胞的跳动变化以及毒素影响附着和其他保持细胞活力的内部过程而导致的细胞形状变化信息。

虽然电子测量在许多方面都优于光学测量（例如，无标签、实时、连续），但今天的生物医学和细胞生物学基础研究界使用电子测量的经验有限，这使得电子测量的吸引力降低。因此，NIST开发了一项可以测量细胞物理特性的技术，如细胞的形状、移动能力以及细胞内部和外部的电变化。这项技术被称为监测细胞迁移的双模电泳膜，或D2M2CM，可以帮助确定药物和其他治疗对细胞的影响。此外，利用D2M2CM技术，可以将细胞放置或捕获在测量装置内的特定区域。这种特殊的功能可以使更多的细胞位于同一区域，进而可以在更短的时间内分析更多数量的细胞。

NIST 设计的电子测量系统，可以在器官芯片型实验中快速检测细胞，也可以将细胞专门放置在传感器上进行细胞迁移行为的测量。该装置不仅可以通过电场捕获细胞来处理细胞，还可以通过测量细胞层的电阻来表征其物理特性。

三、先进测量技术为制造业发展提供重要支撑

（1）工业机器人

近年来，以数据为中心的机器学习已成为许多与机器人相关研究的重要工具。应用于机器人的 AI 可以创造出更智能、更快速、更廉价、更环保的生产流程，从而提高工人生产率、提高产品质量、降低成本，同时保证健康和安全。机器学习算法可以改善制造流程的调度，减少库存需求。这一新技术运用的关键在于开发数据集和经过训练的人工智能系统，并通过性能评估技术进行验证，使其能够应用于制造机器人系统，制造商将通过允许机器人"学习"新任务以及如何更好地执行现有任务来获得更高价值，而无需人工干预。

NIST 在机器人性能表征、信息建模标准和机器人编程方面拥有丰富的经验，也是当前国际上少有的掌握这些能力的机构。NIST 开发了与工业机器人应用相关的实验因素数据生成机制（物理和虚拟），包括从模拟工具生成训练数据、从网络资源收集训练数据、从多个物理实验收集数据等。数据生成机制主要包括：一是以某种方式组织和格式化生成的数据，以促进人工智能应用程序在机器人软件敏捷性、感知、抓取、团队合作和移动

性方面的培训；二是定义数据范围和适用性的元数据。数据集和相关方法将展示出具体化的代理如何能够直接解决制造任务或改进现有性能。生成后的数据将提供给研究人员和行业从业者，以训练和测试应用在工业机器人上的人工智能系统。

NIST 计划在为期三年的时间内，产生和传播 AI 训练数据，并开发和传播 AI/ML 模型。设计一种方法，用于生成和管理 AI 训练数据（后称为数据生成），范围为选定的重点领域，基于对相关 AI/ML 策略的审查，并利用公共 AI/ML 代码库。在此过程中，数据生成机制将得到强化，由此产生的 AI/ML 训练数据集将向公众发布。这些数据集将侧重于特定的制造任务或能力，如感知、抓取和路径规划。数据集将在项目中用于开发和训练 AI/ML 模型，这些模型将被应用到相关的制造挑战中，以显示其价值，并在通过验证后，向公众发布。

NIST 还研制了一种新型纳米探针系统，这是一种基于亚微观 LED 的纳米探针技术，以 GaN 纳米线为基础，形成超小型 LED "聚光灯"探针尖端和集成近场光电子系统，除可实现原子力显微镜测量功能和微波发射 / 接收器功能外，这种探针尖端可用于测量样本的照明响应特性，同时测量几十纳米宽样品区域的形状、电特性和光学特性，可用于太阳能电池材料测试和微芯片电路加工等方面。

（2）3D 打印-增材制造

3D 打印-增材制造的发展将推动数字材料技术进步，多材料打印的进步，确保大幅减少增材制造新材料设计、开发和取得资格所需的时间和成本。该领域包括开发新的和新颖的计算方法，如基于物理及模型辅助的材料性能预测工具；开发对计算机预测进行验证所需的通用基准数据，以及针对材料性能表征的新思路，有助于为每一个新的增材制造材料–工艺组合开发设计循环。

NIST 研究人员称在熔融过程中有超过 50 种不同的因素在发挥作用，研究人员认为像尺寸和形状误差、熔融层中的空隙、最终部件的高残余应力，以及对材料性能——包括硬度和强度等各种变量相互关系的研究不足导致了 3D 打印工艺难以量化控制。NIST 的研究团队将这一方法分解成了十几个"工艺参数"（process parameters）、15 种"工艺识别标志"（process signatures）和六类"产品质量"（product qualities），然后他们在每三个类别中进行绘图以识别"变量之间的相关性"。通过系统地将过程输入与过程中的现象量化，研究团队就能够计算其中变量的相关性来跟踪打印过程，产品的量化指标包括了材料特性、尺寸精度，以及表面粗糙程度等（Mani et al., 2015）。

通过增材制造测试平台评估过程测量和控制技术，研究人员能够观察金属粉末的熔融和凝固过程、整合过程计量工具，并开发出基于数据获取的过程测量的控制算法和软件。

四、量子测量技术为电力发展创造新动力

（1）可编程量子电压系统

在直流电压方面，2015 年，NIST 成功研制出基于制冷机的 10 V 可编程量子电压系统，随后逐步将其商业化。在交流电压方面，2015 年，NIST 和 PTB 完成 1 V 脉冲驱动量子电压系统的研制，随后 NIST 于 2016 年和 2018 年分别研制了 2 V 和 3 V 脉冲驱动量子电压系统，并成功将其商业化。2018 年，NIST 在世界范围内首次开展可编程量子电压系统与脉冲驱动系统

产生直流电压的直接比对，比对结果为直流电压差为 3 nV，相对不确定度优于 10 nV。2018 年，NIST 又在实验室条件下，研制了基于石墨烯量子电阻的无液氦传递系统，测量装置为常温直流电流比较仪电阻电桥。

（2）宽带集成量子微波电压源

NIST 研制了一种有用功率在 –30 dBm 以上的宽带集成量子微波电压源，这一里程碑式的发明为改进现代高速通信组件和仪器的高精度射频电压和功率测量创造了新的机会。

NIST 的目标是通过为通信和仪器制造商提供自校准、基于量子的标准和自动化测量能力，推进射频通信的基于量子的标准，以减少校准和溯源链测量的成本和开销。该团队正在开发一种量子定义的超导可编程电压源，用于生成微波频率波形。电压源是一个射频约瑟夫森任意波形合成器（RF–JAWS），它利用一个冷却到 4K 的超导集成电路，由 4500 个约瑟夫森结阵列组成。

NIST 研究人员集成了片上超导双工器，并将其与 RF–JAWS 电路集成，以实现在 1.005 GHz 下 22 mV rms 的开路信号，这比最先进的水平高 25%。由于更宽的通带和更低的损耗，与最先进的技术相比，集成滤波的使用使微波振幅增加 25%。对新电路的测量表明，它正确地合成了具有基于量子效应的信号幅值的射频波形。

五、先进测量技术助力提高校准精准度

（1）激光校准技术校准麦克风

2021 年，NIST 将激光测量技术运用在对麦克风的校准上。传统的"比较校准"（comparison calibrations）是将一个未知的麦克风和一个实验室标准的麦克风暴露在相同的声场中，然后比较输出，声源和麦克风则通过一个密封的空心充氢耦合器连接。新方法采用激光多普勒振动计，比传统常规校准方法快 30% 左右，因为是在户外进行的，不需要耦合器或充氢。概念验证技术仅驱动麦克风作为扬声器，并用激光光斑测量麦克风膜片的运动——速度信号是通过将源激光样品与多普勒改进的返回激光混合得到的。

更重要的是，NIST 专家发现，基于激光的比较方法的 ±0.05dB 不确定度，与金标准的"互惠法"的 ±0.03dB 和传统的"互惠法"的 ±0.08dB 形成了对比。高端的"互惠法"从三个标准级别的麦克风开始，使用一个充氢耦合器将它们以混合匹配对连接起来，它们轮流充当扬声器和麦克风。研究人员可以确定三个麦克风的灵敏度，而不需要事先校准过的麦克风。激光多普勒方法性能良好，未来还可以服务于工业。

（2）GOES–R 卫星设备校准 [①]

地球同步运行环境卫星 –R 系列（GOES–R）开创了最新一代环境卫星，由美国国家海洋与大气管理局（NOAA）和美国宇航局（NASA）共同管理。它可以监测太空天气，以免恶劣的太空天气情况破坏导航卫星和通信卫星的性能，也能保护商用飞机航线和国家电网。先进基线成像仪（ABI）是 GOES–R 观察天气、海洋和环境的主要仪器（在 2016 年 11 月底抵达地球同步轨道时更名为 GOES–16*）。这个辐射仪可以测量地球表面和大气层

---

① NIST 校准帮助从太空密切关注地球环境 .(2017–6–16)[2022–11–18].https://mp.weixin.qq.com/s?__biz=MjM5MTQ1MTY2MA==&mid=2651607995&idx=4&sn=3c07a463df4d8d52cae27c13c2433da6&chksm=bd4dacd88a3a25ceba5b87aac99226b9d520fefb14e4ae2fb067433d60e634edc50763853a8a&scene=27/.

发出光的波长和强度，并记录从红外线到可见光的 16 种不同波段。ABI 的测试和校准需要多个程序，以确保卫星传感器记录的波长和强度数据是准确的，并且可溯源到 NIST，甚至是国际单位制（SI）。这就需要将 ABI 读数与精确的已知光源仪器和标准进行比较。

这些测试和校准工作，有一些是用 NIST 校准的便携式辐射仪完成的，也有一些是在 NIST 场所完成的，包括滤片透射率的测试。大部分都是由 NIST 研制的一种可调谐窄波长源设备的旅行版来完成的，称为使用均匀光源的光谱辐照度和辐射响应率校准（spectral irradiance and radiance responsivity calibrations using uniform sources，SIRCUS）。SIRCUS 采用了持续可调激光，并将其与被称为积分球的空心壳耦合，作为光源来测试传感器的响应，测量不确定度低至 0.1%。

NIST 还参与了 ABI 红外波段的校准，使用便携式低温辐射仪（NIST 热红外转移辐射仪，TXR）在位于罗切斯特的真空室进行为期 3 周的测试。NIST 工作人员为了确保它符合 NIST 标准，还测量了红外标准（IR）光源（黑体红外源）。

GOES-R 上的另一个关键仪器是极紫外／X 射线辐射传感器（EXIS），它跟踪太阳高能辐射的变化，这种变化会直接影响地球上层大气的环境，进而影响无线电传输并且改变高度 85 km 以上的大气温度及其电性能。它还能监测由太阳耀斑等事件造成的辐射。这些测量有助于提供周期性带电粒子风暴的警告，这些带电粒子从太阳上吹出来，会威胁到全球通信、GPS 系统和其他重要在轨资源的性能。

EXIS 是在马里兰州盖瑟斯堡使用 NIST 的同步紫外线辐射装置（SURF Ⅲ）来校准的，它是极紫外和"软"X 射线束绝对可靠的来源。SURF Ⅲ 经常被用来测试和校准用于航天任务的传感器，因为它是特定波长范围内绝对精准的辐射源（在 4 nm X 射线至 400 nm 紫外线的范围内，测量不确定度低于 1%），并且产生线性输出，在强度上有超过 11 个数量级的变化。

第三节　英国

英国作为科学大国对未来计量数字化变革有着独特的视角，并在实现变革方面发挥着重要的作用。NPL 作为英国的国家计量机构，全面布局计量数字化工作，并进一步对未来发展趋势作前瞻性研究，在 2019 年重新定义国际计量体系的基础上，充分利用全球计量基础设施的数字变革，以通过可靠的测量手段，促使机器学习和人工智能等新技术蓬勃发展。

一、概述

英国政府从 1988 年开始实施有效测量计划（Valid Analytical Measurement Programme，VAM Programme），这是在贸工部（Department of Trade and Industry，DTI）负责的 NMS 框架下进行的，时至今日，已经取得了显著的成效，得到了广大分析化学家的认可。

英国的 NMS，是世界上公认的体系完备、运作高效的 NMS。它是由英国测量实验室等机构组成的技术基础设施，目的是在国家层面上维护和发展测量基础设施，为英国的贸易、产业、学术界和政府提供世界领先的测量科学技术和可溯源的精确的测量标准，保证英国测量的有效性、适用性、一致性和国际认可，从而满足经济竞争力的增强和政府规划、政策制定的需要。NMS 对英国经济起到了重要的促进作用。20 世纪 90 年代，NMS 每年直接或间接地为国内生产总值的增长贡献 0.8% 的份额（约为 50 亿英镑）。

NMS 由 DTI 管理，DTI 的直属机构国家测量系统政策机构（National Measurement System Policy Unit, NMSPU）负责指导 NMS 的整体战略与政策，由产业用户、学术界和相关政府部门代表组成的独立机构测量顾问委员会（MAC）具体指导 NMS 资助的项目以及这些项目的管理。在法制计量方面，DTI 负责制定《度量衡法》等计量法律、法规，明确在商贸中使用的非自动衡器、自动衡器、加油机、容器、米尺等为法制计量器具。由政府出资的 168 个地方贸易标准协调机构（LACOTS）代表国家协调和管理法制计量工作，具体监督《度量衡法》等计量法律、法规的实施。其主要任务：接受消费者投诉，执法检查，对法制计量器具和定量包装商品进行监督性抽查以及计量宣传教育等。

NPL 创建于 1900 年，总部位于伦敦西南部特丁顿的 Bushy Park，由商业、能源和工业战略部（BEIS）拥有并负责。NPL 是英国国家测量基准的研究中心，也是英国最大的应用物理研究组织，负责制定和维护英国的主要测量标准，这些标准是英国 NMS 基础设施的精准度标杆，确保了测量的精度、可追溯性、一致性和可靠性。自 1900 年以来，NPL 制定并维护了英国各行各业的主要测量标准，致力于让大众相信自己购买的商品和服务符合要求，服用的药物是正确的剂量，从气候变化到金融交易的所有数据都是准确的，并支持商业领域的国际贸易和创新。NPL 提供了许多科学和技术领域、战略和应用研究，以及核心设施维护的计划，主要包括声学和电离辐射计量，工程计量学、材料和建模计量，光学、气体和粒子计量，量子、电磁和时间计量，表面化学和生物物理计量等。

NPL 通过对社会和计量技术进行广泛调研，指出了未来社会和行业的主要发展趋势，并深入分析了哪些计量技术在发展中起着重要作用。NPL

于 2020 年 11 月发布了《计量技术预见——2030》，指出了未来先进测量技术对六个行业的影响，并将此作为其未来的研究重点。本节结合其具体研究预测内容，对 NPL 公布的计量数字变革应用趋势进行介绍。

二、先进测量技术助力实现循环经济

受第四次工业革命、气候变化、资源稀缺、人口变化和城市化的影响，建筑环境正在发生巨大变化。未来的建筑将以用户的需求为核心，通过复杂的智能基础设施系统相互连接，从生活场所和工作场所演变为智能、高效和可持续的环境，从而提高人类的生活质量。

NPL 目前正研制低成本环境传感器，以构建大型传感器网络，实时获取密集监测数据。NPL 与中国计量科学研究院（National Institute of Metrology，NIM）合作开展可移动差分吸收激光雷达（DIAL）技术研究，解决开阔空间温室气体和大气污染物时空分布的精准测量和计量溯源难题，实现对分散污染源排放量的高精准测量。

通过对建筑环境未来发展场景进行预测，NPL 前瞻性地提出了基于建筑环境愿景的计量技术趋势：嵌入式、数字互联和安全的传感器可实时收集信息，并预测基础设施的需求、使用场景与使用情况；通过无线技术和量子密码促进数据的无缝和安全共享。

基于此，NPL 认为计量技术的数字化转型未来将在四个方面对建筑环境产生影响：一是将有助于减少浪费和提高资源再利用率（即循环经济），从而实现建筑环境建造、运营和维护的可持续性，未来的应用场景主要包括回收和可回收材料，能源和建筑管理系统，可再生能源的生产、储存、使用、升级和改造。二是先进测量技术将有助于提高水、气、电、运输和物流等基础设施的效率、可靠性和稳健性，以支持生活、工作和人口迁移的变化。三是使建筑物和构筑物能够优化其自身的运行或配置，并适应外部环境，提高整个建筑环境的复原力，住宅、建筑物、基础设施等，都将能够适应气候变化，未来的应用场景主要包括漂浮房屋、太空或外星、地球工程项目、室内空气质量监测和主动控制等。四是支持无线和通信技术、辅助设备和个人需求的增长。未来，数字家庭将是互联的和智能的，允许生活、放松和其他活动的整合，并支持社会中更多的弱势群体，如帮助老年人独立生活和工作的机器人，在家中进行健康评估的技术。

三、先进测量技术助力实现能源低碳转型

随着现代社会数字化和一体化进程加快，对能源的需求将持续增加，这将给资源和供应安全带来压力，加剧全球紧张局势，增加创新的经济压力。能源生产基础设施将在新的商业运营模式下变得越来越具有弹性、稳健且高效，同时也更加分散。为应对气候变化，能源系统和能源使用将发生重大变化，并与立法和教育一起帮助消费者改变消费行为。

通过对能源未来发展场景进行预测，NPL 前瞻性地提出了先进测量技术在能源领域运用的技术趋势：提高量子、神经形态等计算能力将提升整个能量网格计算密集型建模和模拟的收益；无线设备和传感器的低功耗将通过仿生系统和电子设备、从环境中收集能量、无线电力和远距离无线充电来实现。

基于此，NPL 认为计量技术的数字化转型未来将在四个方面对能源产生影响：一是由于运输电气化的加速以及数据和通信基础设施的增加，对能源供应的需求将会增加，测量技术数字化将使新的、创新的和低碳的能

源生产技术成为可能，未来的应用场景主要包括下一代核裂变工厂、核聚变工厂、生物甲烷联合发电和碳封存工厂。二是先进测量技术通过更高效的设备、新的发电方法和可持续的系统，减轻能源供应压力，从而使新的低碳能源生产技术和下一代低功耗、低损耗电子产品、通信技术和计算机系统成为可能，并支持制定与能源相关的政策和法规以及能源使用观念的转变。三是测量将实现供应分布分散化，通过智能、安全和有弹性的网络稳定供需波动，最大限度地提高效率，并保障电网基础设施运行，未来应用场景主要包括：小型、便携式和模块化核反应堆，开发多样化的天然气系统基础设施，增加氢作为燃料或与天然气混合使用，海上风能和大规模太阳能开发，使用联网电池，微型发电，氢作为存储机制，便携式电源，超级电容器。四是现代先进测量技术还将带动电网运营的新商业模式出现，以平衡消费者和生产者之间的供需，对需求量进行测量，以确保准确和公平的能源销售和购买，使需求方的响应方案成为可能，未来的应用场景主要包括：间歇性和分布式能源供应的建模和预测，通过智能电网技术改进转换和存储管理，能源销售和购买的新商业模式。

四、先进测量技术为食品生产提供保障

全球人口增长增加了对食物和水的需求，为了满足需求，需要通过农业和制造食品替代品来提高食品生产的效率和自动化程度。当前，得益于自动化和零碳排放的配送方式，以及可持续和智能包装对食品安全的保障，网上零售成为食品主要销售方式。

通过对食品生产未来发展场景进行预测，NPL 前瞻性地提出了先进测量技术在食品生产领域运用的技术趋势：在对食品原材料把控方面，机器

学习和人工智能控制的物流、高光谱成像系统、牲畜实时监测，以及用于测绘的量子传感和测量将对土壤类型和水资源等实行监测；在生产和销售方面，食品成分和过敏原的可追溯性将通过智能包装和智能标签技术以及基于等离子体的毒素和过敏原检测来实现；在食用方面，基因检测和生物系统建模将推动对个人食物和营养需求的确定。

　　基于此，NPL 认为计量技术的数字化转型未来将在五个方面对食品生产领域产生影响：一是食品替代品的消费将会增加，这将降低农业的成本和对环境的影响，并增加粮食安全，未来应用场景主要包括 3D 打印食品、昆虫蛋白、实验室培育的肉类和素食蛋白替代品。精密测量食品从原材料、生产、加工到食用的全过程，制定食品安全标准和法规，同时确保消费者的适口性和具有成本效益的大规模生产。二是先进测量技术将为自动化粮食生产新工艺提供技术支持，并对整个粮食生产和分配系统进行跟踪，保障在线食品购物系统、家庭智能订购系统、按需配送和自动配送系统订单的持续增长。三是先进测量技术将有助于减少食物浪费和塑料包装废物的使用，以响应消费者在环境可持续性方面的价值观和行为，并消除不必要的食品处理，增加包装的可持续性，以支持循环经济，并实现可持续和高效的分配，未来应用场景主要包括：转换为生物燃料或其他资源，受监管的可持续包装材料，智能包装。四是由于土地使用压力的增大，以及对粮食和资源效率的需求，数字计量技术使辅助自动化粮食生产新形式变得普遍，未来应用场景主要包括：水培，LED 照明，3D 农业，城市农业，细胞农业。五是先进测量技术将用于保障改良作物的食品安全和作物恢复能力，以养活不断增长的人口，控制食物中的营养和功能，并设计食品辅助治疗相关疾病，未来应用场景主要包括：转基因生物、蛋白质、细胞和核酸的生产系统,增强食品性能的食品添加剂,支持健康的人类微生物组干预措施。

五、先进测量技术为医疗全流程提供技术保障

世界人口老龄化对医疗保健系统的技术、产品和服务提出了新的需求,以促进独立、高质量的生活。例如,可穿戴和植入式传感器可以产生连续、可靠和高质量的数据,支持数据驱动模型和人工智能系统作出与健康相关的决策。

通过对医疗保健未来发展场景进行预测,NPL 前瞻性地提出了先进测量技术在医疗保健领域运用的技术趋势:多模式和多尺度数据的量化和处理技术以及无线和传感器技术有助于健康数据的手机持续监测;可追踪和创新的测量技术有助于研发互联网连接、自供电、自校准、可穿戴或可植入的生物电子设备;复杂数据集的量化和分析有助于了解健康和疾病的影响。

基于此,NPL 认为计量技术的数字化转型未来将在以下方面对医疗保健领域产生影响:测量技术将被运用到医疗的各个阶段。在预防医学阶段,通过对环境、行为、生物和遗传因素进行测量,以支持医疗保健决策和早期疾病预警及对可能出现的新健康风险进行实时监测,未来应用场景主要包括:分析大型、复杂和互补的数据集,用于决策、传感器的现场验证和校准。在诊疗阶段,将通过人工智能辅助诊断、远程医疗和远程治疗实现远程会诊和干预,并支持响应式医疗监管,未来应用场景主要包括:可穿戴和植入式生物电子技术。在再生医学方面,需要通过测量来了解生物功能和过程,模拟整个器官的活动、力学和生理反应,推动再生医学和移植技术发展,未来应用场景主要包括:代替动物进行研究,用数据研究药物

的效果。在个性化医疗方面，个性化医学干预手段逐渐成为治疗疾病的主要方法，需要测量技术对疗法、治疗和药物进行个性化设计和评估，以实施个性化的干预措施，未来应用场景主要包括：通过工程生物学开发的细胞和基因疗法、基于纳米技术的传感器和药物输送系统等。先进技术将用于治疗、治愈和预防遗传和获得性疾病，以彻底提高生活质量，未来应用场景主要包括：3D生物材料打印机，先进的放射疗法，联合诊断和治疗解决方案，机器–大脑接口等。

六、通过数字方法进行连续测量和产品验证

随着供应链变得相互依存、数字化和国际化，制造业将变得更加复杂。未来的制造系统将由大量的数字解决方案和智能数据驱动工具来实现，这将推动制造和可持续资源管理的全面数字化变革，通过数字或虚拟方法进行连续测量和产品验证，促进响应式和敏捷制造系统产生。

通过对制造业未来发展场景进行预测，NPL前瞻性地提出了先进测量技术在制造业运用的技术趋势：通过先进的成像、传感器和监控，可以在整个供应链和制造链中进行连续测量，数字校准证书将保存在全球分布式分类账上，并与数字和机器可读标准和法规相结合，实现虚拟验证和校准；数字产品验证方法将通过性能模型实现测量不确定性的动态传播。

基于此，NPL认为计量技术的数字化转型未来将在四个方面对制造业领域产生影响：一是在数字化设计方面，测量将通过设计、虚拟化和建模进行产品创新来开发材料，并能够在不进行物理测试的情况下使新零件和产品被安全投入使用。二是在智能方面，先进测量技术将实现流程分析，帮助控制制造流程，实现快速需求预测，并通过数字认证提供可信数据，

未来应用场景主要包括机器人、外骨骼等。三是在材料方面，随着先进功能的实现和替代资源的出现，测量将使人们更深入地了解复杂的材料行为，确保安全法规落实到位，并使人们对其广泛采用充满信心。四是在个性化方面，先进测量技术将支持人工智能数据分析，从安全共享的客户数据中提取有价值的信息，实现产品的多样化，制造出有针对性的、灵活的医疗设施。

七、先进测量技术助力交通管理变革

运输系统是经济的重要组成部分，未来的交通运输方式将朝着更加快捷、安全、包容和便利的方向发展，新的出行选择将满足老年人、农村地区和残疾人的需求。人工智能、数字化和传感技术等新技术的进步将改变交通运输管理，达到零碳目标。

通过对物流运输未来发展场景进行预测，NPL 前瞻性地强调了先进测量技术在物流运输领域运用的技术趋势：开放访问、可追溯和验证的环境数据将影响客户的选择；在极端环境中，先进、强大的传感器依然可以实现对安全关键组件的性能监控；通过对复杂系统的分析实现真正的智能交通系统和基础设施。

基于此，NPL 认为计量技术的数字化转型未来将在四个方面对制造业领域产生影响：一是在流动性方面，随着公众对个人出行观点和态度的改变，人们的出行方式将会变多，特别是老年人和生活在农村地区的人。在此情形下，先进测量技术将提供物流和环境数据，以影响消费者的交通选择。未来应用场景主要包括：微移动、个人航空运输、综合交通信息系统。二是在自动化方面，随着安全、效率、便利和速度变得更加重要，先进测量

技术将使人工智能和机器学习算法的数据被无缝和安全传输，采用互联互通的运输模式，使人员和货物运输系统实现自动化。未来应用场景主要包括：位置跟踪和时间戳、公路列车、无人机的空域划分，以及运输系统的多层次模型等。三是在创新方面，测量将使创新产品和材料的测试和验证以及相关法规的制定成为可能，这将使新的可持续运输模式成为主流。四是在碳排放方面，先进测量技术将有助于优化电池的制造和回收，以及采用替代、低污染、天然和合成燃料和添加剂，在净零碳排放的环境下，助力交通运输以更快的速度发展。未来应用场景主要包括：新型电力推进技术、可使用多种燃料源的混合动力发动机等。

第6章

法定计量技术机构数字化发展典型案例

2022 年 5 月 20 日，第 23 个世界计量日的主题是"数字时代的计量"，倡议建立国际单位制数字框架，推进计量数字化转型，支撑数字经济健康发展。

加快计量数字化转型，推动科学计量、法制计量、民生计量、产业计量全方位深度应用新一代数字技术和信息技术，规范促进计量器具智能化、网络化，成为我国法定计量技术机构未来发展方向。

为了积极推进计量数字化转型工作，为数字时代人民群众的生产生活提供更为坚实的计量支撑，我国市场监管系统法定计量技术机构积极围绕远程计量、量子计量、量值传递、扁平化数字校准证书、数字化模拟测量、数字计量设施等开展计量数字化转型技术研究。

以浙江省计量科学研究院为代表的部分法定计量技术机构紧紧围绕数

字时代的新兴计量需求，积极探索计量与数字化融合技术，对地方区域经济发展起到了良好的计量技术保障和支撑作用。

本章选取了浙江等几个省份具有代表性的法定计量技术机构作为研究对象，简要介绍了这些法定计量技术机构数字化转型发展的成功经验与典型案例[①]。

第一节　浙江省计量科学研究院

近年来，浙江省积极利用数字化新技术、新理念，以数字化改革为引领，进行了一系列的探索与实践，目前，浙江省数字化建设已走在全国前列，为全国数字化建设提供了"浙江经验"。在计量领域，以浙江省计量科学研究院（以下简称浙江省计量院）为代表的法定计量机构前瞻性布局数字化转型建设，对"数智计量"进行全新探索并取得了积极的成果。在电能、交通、流量、化学分析、热工等重点领域开展智能化建设或改造，为智慧电网、智慧交通、疫情防控、冷链加工物流等工作提供了先进测量技术支撑。本书对浙江省计量院先进测量体系数字化技术的典型应用案例进行了详细阐述。

一、远程智控方舱计量实验室

浙江省作为全国计量仪器仪表产业重要的生产基地，产值居全国前列。生产企业为保证其产品工艺、零部件及整机性能参数等符合质量要求，一般需要进行计量检定测试，以确保产品计量准确、质量合格。但企业产品

---

① 部分案例见市场监管总局计量司 2022 年 10 月发布的"计量测试促进产业创新发展"优秀案例。

的送检普遍存在运输成本高、检测周期长、产品损耗大等问题，这些痛点给企业送检带来了一定困难。

为解决这一难题，浙江省计量院精准聚焦本省仪器仪表企业送检需求，积极研究数字化技术与检验检测融合新路径，在浙江苍南县建立全国首个远程智控方舱计量实验室，利用方舱实验室将计量服务从实验室前移至企业生产现场，贴近产业基地，为企业提供安全、规范、高效和精准的计量溯源服务。

（1）实验室概况

浙江省计量院将核心计量标准器前置"嵌入"企业产品生产链末端，通过远程软件在"云"端完成计量服务。在严格保证检测公正、质量要素全控的前提下，构建以物联视讯、智能安防、环境保障、数据安全为核心的高集成度、高智能化物联控制系统，实现自动控制的检测过程。计量标准器设置三重安全防护措施，一旦出现非授权人员进入、标准器故障、实验环境参数偏离等任何异常情况，实验室将自动报警，检测数据作废，检测程序停止运行并进入异常处理程序，确保检测过程无人干扰、检测行为规范公正。方舱实验室还配备远程智控系统（见图 6-1 至图 6-3），检测人员通过智控系统实现两地交互，远程下达指令，控制方舱实验室计量标准器和被检样品按照设定程序运行，检测流程全程可视，自动完成数据采集、计算、处理、生成证书报告，并形成产品质量的科学大数据，为企业决策提供数据支撑。

图 6-1　方舱实验室远程智控中心

图 6-2　标准表法气体流量标准装置

图6-3　临界流文丘里喷嘴法气体流量标准装置

（2）应用成效

①聚焦产业，精准施策，实现"零距离"服务。通过技术前移，打通计量服务"最后一公里"。浙江省计量院将核心计量标准器前置"嵌入"企业产品生产链末端，将企业待检仪器传输到远程智控方舱计量实验室，通过远程检定软件在"云"端完成计量服务。方舱实验室前端连接浙江质量在线的"浙里检"平台，实现送检样品网上受理，后端对接浙江省计量院业务系统，网上打印电子证书。通过建立远程智控方舱计量实验室，检测周期由过去的7个工作日缩短至4小时，检测效率提升42倍，每年可以为企业节省物流运输、重复包装和人力等直接成本超千万元，真正实现"一次都不跑，事事都办好"。

②数字赋能，规范管理，检测实现"远程智控"。在严格遵守检测公正、质量要素全控的前提下，大胆突破，大胆创新，通过"传统实验室+远程智控"创新改造，实现计量检测"远程智控"。一是"一张屏"智控实验全过程，

实现检测可视化、数据处理自动化。方舱实验室配备远程智控系统，通过智控中心的大屏幕实现远距离控制和操作，开展计量检定、校准和检测工作。检测人员只需通过大屏幕远程下达指令，远程控制方舱实验室计量标准器和被检样品按照预先确定的程序运行，检测流程全程可视。完成计量检定、校准和检测后，系统自动采集、计算、处理分析数据，生成证书报告。二是实时对接"浙里检"平台。企业不出厂门，即可在"浙里检"平台在线办理检测申请，完成费用支付、报告下载等手续，实现变革性的检测全周期"一次不跑、一屏通办"，极大地降低企业生产经营成本，缩短企业供货周期，解决企业送检难题。三是多手段管控确保检测规范、安全。方舱实验室构建了以环境保障、数据安全、物联视讯、智能安防为核心的高集成度、高智能化物联控制系统，实现自动控制检测过程，自动做好数据采集、数据处理、数据传输和保存等工作，环境条件自动监控、异常情况自动报警确保实验操作全程无人工干扰、全智能检测、全流程管控、多方位安全防护。

③提炼优化，形成标准，实施"二步法"。在成功试点建设方舱实验室的基础上，浙江省计量院提炼总结试点的可复制经验，持续改进优化，依据其主持制定的《远程智控方舱计量实验室要求》团体标准，形成建设标准统一、科学规范、可复制推广的指导性文件，助力浙江产业全面高质量发展。第一步是扩大试点范围。2021年7月29日，省领导调研浙江天际互感器有限公司时作出"技术创新实现高质量发展"重要指示，浙江省计量院积极贯彻指示精神，在天信气体流量计方舱实验室的基础上，新建天际互感器方舱实验室，助力浙江天际互感器公司实现高质量发展。第二步是"拓点扩面"全面推进。浙江省计量院拓点扩面，新建荷载箱、流量计、

声级计 3 个远程方舱实验室，同时积极推进方舱计量实验室统一监管平台建设，全面梳理浙江省产业需求，对条件成熟的企业，按照"一行业一案例一模板"的要求，聚焦国家专精特新重点"小巨人"企业、浙江省隐形冠军企业、块状经济龙头企业等，推动形成领头雁效应，带动地区、行业高质量发展，着力打造计量改革创新的浙江样板，全面展示具有浙江辨识度的计量工作标志性数字化应用成果。

（3）创新点

方舱实验室是全国首个"云"端检测实验室，在此基础上，浙江省计量院提炼总结、改进优化试点可复制的建设经验，形成《远程智控方舱计量实验室要求》团体标准，全力推进方舱实验室在全国的推广应用。

远程智控方舱计量实验室自动进行数据采集、计算、处理、分析，并形成产品质量的科学大数据，为企业决策提供第一手资料，进一步助力企业产品质量提升。

浙江省计量院通过对计量技术和数字技术融合的进一步挖掘，促进远程智控方舱计量实验室这种新型计量服务模式的广泛应用，让计量工作更好地服务经济社会的发展。

浙江省计量院将紧贴省域现代先进测量体系建设需要，全面梳理新能源、新材料、先进制造等领域在线测量需求，把方舱计量实验室作为助推器，助力产业抢占发展制高点，为浙江省高质量发展建设共同富裕示范区贡献力量。

二、荷载箱远程校准技术开发与智慧实验室

荷载箱是基桩自平衡法静载试验的加载设备，广泛应用于交通及市政工程、工业及民用建筑、水利及港航工程等建设领域。荷载箱输出力的准

确与否，直接关系到基桩承载力的检测，关乎工程建设质量。根据基桩检测要求，在使用荷载箱前要对其输出力值进行校准。

然而，现阶段荷载箱出厂检测仍然主要依靠传统的手工加载、人工记录，检测效率低下。需要校准的荷载箱也要委托第三方检测机构，传统的校准也是手工加载、人工记录、人工出具报告，效率较低。

（1）概况

针对荷载箱出厂检测以及委托校准存在的自动化程度不高、荷载箱或标准力传感器往返运输成本高、校准人员经常下厂检测等问题，浙江省计量院力学计量研究所在"千斤顶校准数据自动采集及处理装置的研究与开发""全自动在线测力校准系统的研究"等科研成果的基础上，将数字化与计量紧密结合，开发了荷载箱远程校准技术。该技术采用远程电液伺服控制、图像自动识别、云存储等手段，能够实现荷载箱的全自动出厂检测，也能实现荷载箱远程校准，大大提高检测工作效率，降低荷载箱或标准力传感器往返运输成本，为企业带来实实在在的效益。该技术在 2021 年 5 月份浙江省市场监管科技周科技成果拍卖会上成功被拍卖转化，交易金额 165 万元。

（2）成效和意义

建设智慧检测实验室，真正把检测服务送到企业家门口，解决企业实实在在的检测技术问题。该技术应用后，将大幅提高检测效率。预计能够提高企业出厂效率200%，降低企业运输成本 50 万元 / 年。

三、浙江省机动车检测站智控系统

随着浙江省车检需求总量和机动车检测站的快速增长，市场监管工作面临复杂多变的新形势、新特点、新挑战，要用好数字技术这把"金钥匙"，将数字变革作为关键变量，不断推进机动车行业监管现代化。

浙江省机动车检测站智控系统是针对机动车检验检测行业痛点，依托国家计量科学数据中心浙江分中心，运用数字化手段搭建的具备"零距离计量、零距离监管、零距离服务"优势的"三零"管理服务平台。平台设置了社会公众端、机动车检测站端、省计量院端、监管端 4 个窗口，通过简洁有效的扫码入驻方式，帮助企业实现质量在线核查、异常在线提醒；帮助车主实现信息一扫知晓、车检环环可视；帮助监管部门实现核心信息一键可知、关键环节实时可控。通过服务、监管、沟通等多维度全方位推进质量提升，着力打造具有浙江辨识度的计量工作标志性数字化应用成果。

浙江省计量院交声所结合数字化改革相关工作，建设了浙江省机动车检测站智控系统。该项目分两期进行建设：一期工程完成了机动车检测站智控系统的设计和搭建工作，实现了面向社会公众、机动车检测站及省计量院等相关主体的开放互联，实现了机动车检测站相关信息发布及查阅、相关数据统计与分析等功能，成功吸引浙江省 10 家省 A 级机动车检测站的先期推广试用并取得了不错反响。二期工程是机动车检测站智控系统迭代升级的 2.0 版本，目标是实现机动车检测站智控系统（2.0 版）全部功能，实现全省检测站 100% 上线。

（1）窗口介绍[①]

①社会公众（车主）

立足服务受众群体，实现"透明式验车，一站式取证，保姆式服务"。

---

① 不包含计量院端。

系统通过数字化手段,将各类信息内嵌前置,有效实现一码知所有,过程"全透明":仅需车主扫码录入简单的车辆信息,不但可一键查询车检站基本情况、预估费用、本次年检需检项目、下次年检须检项目及时限、相关科普宣传信息、常见问题等,还设有意见反馈与咨询窗口,为车主和车检站搭建了高效坦诚的沟通平台,对于缓解车主车检站矛盾、方便群众监管检测站、反向督促检测站做好服务效果显著(见图6-4)。

图6-4　机动车检测站智控系统车主手机客户端界面

②机动车检测站

通过技术前移，打通服务"最后一公里"，实现检测设备及检测证书自主管理，效率指数上升，成本显著下降。浙江省目前正常运营的机动车检测站和交通检测线专业涉及的待检设备众多，且呈现持续增长态势，溯源需求的持续增长给相关履职部门带来了巨大的业务压力。浙江省机动车检测站智控系统运用数字化手段，成功实现部分实验室检测工位的技术前移，并集成了数据在线采集及远程校准功能。同时，业务系统与远程在线实验室进行技术互联，实现工位检测与报告生成同步，让机动车检测站"一步都不跑"，检测效率提高，送检成本显著下降，报告一键获取。除了检测站信息维护、公众意见回复、本站设备周检与期间核查数据、下载本站设备证书等功能外，系统的超期预警系统可对服务对象所有溯源设备到期情况进行在线跟踪预警，高效解决检测站因设备量大、专业繁杂导致的设备漏检、超期未检等问题。

③监管部门

打通监管数据"高速路"，实现低成本、高速度、全时段"围观式"监管。系统通过设置具有特殊权限的监管部门账号，使其可一键获取实时更新的机构核心资料（如单位资质信息、设备最新溯源信息、收费依法公示信息、关键岗位持证上岗信息等），有效破解传统监管方式具有明显滞后性且验证待查企业资料耗时耗力等困局，真正做到关键环节实时可控。系统预留了多个监管部门实时接入入口打通数据壁垒，可随时实现多部门低成本、高速度、全时段的"围观式"监管，在支持监管部门联合执法、统一行动上具有天然的技术优势。此外，系统自带的监管数据统计分析功能，可对全省机构分布情况、诚信运营情况、工作效率和服务态度等即时生成可视化数据图，并可根据综合情况形成客观的机构打分排名，为相关监管部门高效管理辖区机构提供数字化抓手。

（2）成效和意义

浙江省机动车检测站智控系统已获浙江省公安厅等四部门联合正式发文支持建设，且积极对接"浙江质量在线"等平台。系统以服务监管、服务机构、服务群众为目标，通过搭建"浙江质量在线——机动车服务应用功能"场景，优化了行政审批流程、机动车检验机构服务、车主检车服务。立足大市场、高质量、优服务、强监管，系统建设主要成效如下：

①实现全省车辆检验检测实时扫描查询，机动车检测站基本信息、车检进度查询、车检科普知识等信息一网汇聚，覆盖全省机动车检测站。

②打造机动车检测站自我管理平台（智治实验室），实现实验室全流程在线管理，降低机动车检测站管理难度，消除自我管理痛点。

③实现全省机动车检测站设备溯源线上管理，打通服务"最后一公里"，同时以点带面推动设备远程溯源方法改革，结合移动方舱实验室检测研究，大幅提高工作效率，降低社会服务成本。

④打造全省机动车检测站能力验证网上管理平台，实现机动车检测站能力验证线上全流程管理。

⑤开展机动车检测站远程资质认定评审和监管防作弊试点，打破传统资质认定模式和日常监管模式，在降低行政审批和日常监管成本的同时提升效能。

2021年的浙江省政府工作报告中，"努力解决群众车辆年检烦心事"被列为十方面民生实事之首。机动车检测站智控系统的上线，不仅能切实解决车主的"急难愁盼"问题，而且倒逼车检站提高服务意识，升级管理手段，规避运营风险；同时丰富了监管部门监管手段，提高了履职效能，为数字赋能"两个先行"和市场监管现代化先行提供了可行的改革经验、典型案例。

四、"秤信宝"应用

电子计价秤是农贸市场、商超、便利店等场所广泛使用的计量器具，其计量准确与否直接关乎普通消费者切身利益。现行贸易结算用电子计价秤由省、市、县三级计量检定机构采用周期检定的方式进行检定。但是，现有的计量监管模式存在三方面问题：一是两次周期检定之间无法实时确认电子计价秤是否失准。计价秤质量不高，没有物联网功能，无法实时感知计量数据准确与否。二是日常检定耗时耗力耗财。平均每台秤按照检定规程完成检定需 40 分钟，一人一天的检定能力为 14 台件，检定效率低、投入大，计量检定机构现有人员、设备难以满足庞大的检定需求。三是在流通领域，存在不法个人打着维修的旗号，进行设备改造、加装作弊功能部件等破坏计量器具准确度的非法行为，并且由于其流动性强，监管和查处未实现全覆盖。

为此，亟须运用互联网、大数据等技术手段，探索贸易结算用电子计价秤综合治理模式改革，重塑电子计价秤产品形态，变孤立仪器为物联称重系统，实现物联网智能电子秤全覆盖；创新电子计价秤监管模式，变定期监管为实时智慧监管，改变传统单一周期检定模式；增强电子计价秤消费信任，变事后复称为实时扫码查证，营造公平有序的营商环境。

（1）概况

浙江省计量院探索建设"秤信宝"应用产品，以"浙品码"为纽带，打通生产、消费、使用、监管四端，贯通浙江质量在线、浙江市场在线、浙江企业在线等数字化系统，构建跨领域、跨区域、跨层级、跨部门的大协同机制，汇集生产、登记、使用、监管、消费等数据，打造生产制造、登记备案、首次检定、日常使用、周期检定、维修报废等核心应用场景，实现智能网联电子计价秤全生命周期监管，以数字化推动制度重塑，推进贸易结算用电子计价秤综合治理的数字化改革，破除体制机制障碍，助力综合治理现代化。

（2）应用成效

浙江省计量院通过建设"秤信宝"应用产品，全量归集市场、商户、生产企业等基础数据，以及计价秤称重、显示、标定等实时数据。利用知识、规则、公式、算法等，智能感知出某个地区、某个市场、某个商户的计价秤异常信息，实时推送异常信息给当地市场监管部门或市场举办方进行处置，从探测异常、推送异常、处置异常三个节点实现闭环管理。

五、互感器

浙江是互感器生产大省，生产企业数量位列全国之首。

（1）概况

浙江省计量院发挥技术优势和计量专长，落实宣传"放管服"改革措施、计量保障电力物资安全、助推企业机器换人、指导"浙江制造"标准和行业联盟标准制定、指导企业完善测量体系、解决量传溯源难题、开放计量实验室、出口产品关键参数把关、高效履职等多项举措，准确把脉、协同攻关，通过理念创新将"计量"延伸至"企业"、通过技术创新将"计量"延伸至"产业"二位一体的创新模式，引领计量全面精准高质量赋能浙江省互感器产业发展。

①理念创新——将"计量"延伸至"企业"

2021 年以来，由浙江省计量院研发、设计和定制的两条塑壳式低压电流互感器自动检测流水线在浙江正泰电源电器有限公司顺利安装。

浙江正泰电源电器有限公司是国内塑壳式低压电流互感器的"单打冠军"，塑壳式低压电流互感器每天的订单量为 2 万只，为了提高生产效率，企业前期通过生产自动化改造，在原有生产装配端已实现自动化，实现机器换人，但在生产末端，依然采用人工检定，检定效率较低，影响了整体生产效率，未能实现全流程的机器换人。

办实事、解难题，浙江省计量院技术专家经过反复试验论证，成功转化科研成果，运用电流互感器检定的最新直差法原理，研制出塑壳式低压电流互感器的自动检测流水线（见图 6-5），并顺利在原有塑壳式低压电

图 6-5　塑壳式低压电流互感器自动检测流水线

流互感器自动装配流水线铆钉检验排废口与激光打标工位之间安装到位，帮助企业解决了塑壳式低压电流互感器从生产、检测、打标和装配的全程流水作业难题，提高了生产和检测效率 50% 以上，实现全流程机器换人，在出厂产品质量提升的基础上，每年又可大幅降低人力支出成本。

②技术创新——将“计量”延伸至“产业”

浙江省计量院在了解到企业普遍存在送检成本高、检测周期长、运输对产品性能影响大等实际问题后，坚持问题导向，精准施策，主动作为，积极研究数字技术与检验检测融合新路径，大力实施数字化改革，通过阿里云技术和远程检定软件，在全国率先探索建成互感器远程智控方舱计量实验室（见图 6-6），通过把实验室嵌入企业产品生产链，有效破解企业送检“最后一公里”难题，为检验检测与现代化产业体系深度融合发展进行了一次成功的探索与实践。

图 6-6 互感器远程智控方舱计量实验室

（2）应用成效

2020 年 3 月 14 日，武汉市场监管人发出感谢信"纸短情长·致全国市场监管人"，对浙江市场监管人指导企业 3 天完成 210 台零序电流互感器的超级订单，保障武汉方舱医院重大、特殊用电需求表示感谢。

"计物初心不改，量心使命依然"，浙江省互感器行业形成了以行政监管"放管服"企业政策为统帅、以技术机构计量赋能企业为支撑、以龙头企业全面发展为引领、以行业协会质量整体提升为引擎的全方位的产业计量体系，让计量在产业中发挥显性作用，赋能浙江省互感器产业实现高质量发展，年产值过亿企业由 0 家增加至 3 家（其中浙江天际互感器有限公司的年产值达 4 亿元，跃居国内前三行列），国家电网和南方电网中标企业由 3 家增至 20 家以上，全省互感器监督抽查合格率由前几年的 89% 上升至 2015 年的 100%，2019 年底，浙江省的 30 余家互感器企业在国家市场监督管理总局互感器国家监督抽查中全部一次性通过，大大增强了浙江省互感器行业在国内的影响力，推动了"浙江制造"品牌建设。

第二节　贵州省计量测试院

贵州省计量测试院（以下简称贵州省计量院）瞄准数字化计量的发展方向，抓住量子化变革及量值传递扁平化机遇，加强时间频率计量技术的研究，依托研究成果，持续推广时间频率计量应用，为省内各行业领域的高质量和稳定发展提供有效支撑，为西南地区提供可量传溯源、安全可靠的高精度时间频率计量服务。

作为首个国家时间频率计量应用中心，2021 年，贵州省计量院持续开展贵州省科技支撑计划项目"时间频率溯源关键技术研究"。以贵州省时间频率量传溯源需求为导向，从贵州省公安交管内部网络结构出发，结合光纤及网络授时技术，为交管系统大数据、智能交通系统、智慧交通、交通执法等领域提供了技术保障；同时，制定并修订多项国家及地方技术规范，丰富了科学计量在基础科学中的内容，在行业中起引领作用；构建的高精度的时间频率系统，满足了公安交管各级用时终端和贵州省内各单位对时间频率的准确性和溯源性要求，在全国范围内实现时间频率量值传递的率先应用及示范。

一、时间溯源管理平台

为解决日益突出的交通安全问题，区间测速系统近几年来被广泛使用，开展区间测速系统的计量检定工作，能有效保证其量值的准确可靠，减少由于区间测速不准确引起的处罚纠纷。

区间测速是一种"点到点"的测速方式，即在机动车辆进入道路起点的时刻点开始，行驶一段时间后离开的时刻点截止，记录该段时间（区间）内运行距离与时间，计算平均速度。其中，时间是关键参数，也是制定检定规程时关注的核心内容，其准确程度会直接影响区间测速平均速度的检定结果。

检定通过抓拍配有标准数字时钟的试验车辆经过起始和终止监控点进行。标准数字时钟是用数字显示时、分、秒的计时装置，主振器为石英晶体振荡器或原子频标，运行方式分为主振器自主运行模式和全球导航卫星系统（GNSS）授时同步模式，其中 GNSS 授时同步模式通过接收 GNSS 卫星信号，解码时间信息并对主振器进行锁定和驯服；标准数字时钟由主振器、同步装置、时钟芯片、聚光型高亮度 LED 屏幕驱动电路、显示单元等部分构成。

贵州省计量院设计了时间溯源管理平台，平台向区间测速监控设备起点端发出启动命令信息包，模拟车辆通过起点；区间测速监控设备起点端收到后，返回应答消息，在应答消息中包含监控设备起点端当前时间信息；在设定的检定时间间隔结束后，平台向区间测速监控设备终点端发出停止命令信息包，模拟车辆通过终点，监控设备终点端收到后，返回应答消息，在应答消息中包含监控设备终点端当前时间信息；平台根据监控设备起点及终点端的时间间隔与标准时间间隔计算区间测速误差。对平台至监控设备端的网络延迟进行补偿处理。

二、网络授时在线检定系统

停车场计时计费装置是停车场对车辆进行停车计时计费管理的装置，具有当前时刻误差、停车时间间隔误差等计量特性。贵州省计量院针对具有图像或视频自动识别车辆号牌功能的停车场自动计时计费装置，进行停车时间间隔误差检定与时间溯源研究，保证其数值准确可靠、有效溯源。

在检定方法中，主要使用到的标准及配套设备包括标准时钟及停车场电子计时装置检定仪，其中标准时钟包含 GPS 时钟模块、RTC 时钟模块、通信模块、高稳定度晶振、ARM 处理器模块、户外用显示器和输出测试模块。标准时钟与测试车牌放置在同一区域，可被同时拍摄，通过公式计算，即可对当前时刻误差及停车时间间隔误差进行检定；检定仪通过接收全球导航卫星系统卫星信号、解码时间信息，提供高准确度的当前时刻，并对本地时钟进行同步。检定仪的控制单元通过传感器单元发出或接收某一时间间隔的启停信号，该时间间隔经计时单元测量，实现对当前时刻误差及停车时间间隔误差的检定。

网络授时设计在线检定系统是一种较为新颖的方式，能有效提高工作效率及保证时间的实时同步。停车场自动计时计费装置采用网络时间协议（network time protocol，NTP）向时间服务器发送时间同步请求，设计合理的时间同步周期，使其与标准时间同步；编写时间同步客户端，实时采集各停车场的当前时刻误差；采用4G无线通信模块与时间服务器和在线平台通信，其特点是传输速率快、延时低，该模块通过4G网络进行数据的透传，发送标准时间间隔信息进行时间间隔的检定，通过停车场用时终端与在线检定平台的通信，对其数据进行分析和计算，达到在线检定与溯源的目的。

第三节　山东省计量科学研究院

近年来，面对计量发展的新形势，山东省计量科学研究院（以下简称山东省计量院）强化责任担当，围绕数字时代的新兴计量需求，紧扣数字化，加强计量和数字化技术深度融合，实现计量数字化转型，对地方区域经济发展起到了良好的计量技术保障和支撑作用。同时，依托山东省计量院建设的国家节能家电产业计量测试中心，以产业计量助力节能家电行业高质量发展，在服务产业发展、服务社会民生等方面发挥了重要作用。

一、大气环境应急监测设备

当前，我国大气环境VOCs应急监测装备及溯源技术存在技术创新能力较弱、自动化程度较低、核心技术部件严重依赖进口、量值溯源不完善、标准物质缺失等问题。

　　山东省计量院聚焦 VOCs 监测技术存在的无法判定单个气体组分、抗干扰能力差、分析时间长，以及 NO_x 监测不能直接检测 NO_2 的问题，通过研究紫外差分吸收光谱仪所需的光源、长光程气体吸收池、紫外–可见微型光谱仪和算法等核心部件，实现了核心部件的国产化；通过集成无线通信、云存储、云计算等先进信息技术，开发了基于紫外光谱法的 VOCs、NO_x 应急智能监测平台和手机 App 应用程序，实现了气态污染物检测设备的远程控制、数据传输，以及环境应急监测的智能化（见图 6-7）。

　　相关研究成果克服了现有开路式紫外差分吸收光谱气体分析仪准确度较低、易受外界测量条件影响、雨雪天气无法工作等缺点，可测量大气中 NO_x、VOCs、SO_2、O_3 等上百种污染物，具有检出限低、结果准确、响应快速以及远程控制、数据共享的特点，为我国环境监测提供了有效可靠的终端监测设备，填补了国内核心技术空白。

图 6-7　环境应急紫外光谱气体分析仪

二、时间继电器校准装置

时间继电器广泛应用于交直流操作的各种保护及自动控制电路中，可以使被控制的器件得到所需延时。

山东省计量院利用单片机强大的数据处理能力，设计了一款简易的时间继电器校准装置，主要由信号采集处理电路、单片机处理系统、晶体振荡器、自检电路、输出显示等组成，该校准装置能够校准通电延时型时间继电器、断电延时型时间继电器、接通延时型时间继电器、断开延时型时间继电器四类时间继电器。

该装置通过数据通信技术实现了校准数据的自动化处理，解决了时间继电器的量值溯源问题。

装置中的计时测试系统，主要由信号采集处理电路、计时采集系统、LCD 液晶显示、键盘输入、数据通信等组成。计时测试系统主要由前端信号产生和调理电路、测时电路、单片机控制系统组成。其中测时电路部分是通过 CPLD（复杂可编程逻辑器件）实现的。

前端信号产生和调理电路采用计时法测量时间继电器延时时间，其实质就是快速、精确地分别测量多个相邻脉冲之间微小的时间间隔。

当时标脉冲通过计数电路进入相应的计数器时，计数器开始计数。当触点间接通时，整形电路输出的第一个单脉冲作为计数器的计数开启信号。当触点间断开时，整形电路输出的最后一个单脉冲作为计数器的计数结束信号，同时向单片机发送一个计数结束信号，以供单片机查询。计数电路主要对触点延时作一个脉冲计数，计数器计数的个数 N 乘以时钟脉冲的周期 T 就是触点延时之间的时间间隔。时间间隔数据分别存储于各计数器中，在仪器没有复位之前，由单片机对计数器进行选通和数据采集。自检电路主要是用串行和并行移位寄存器，输出脉冲信号给计数器计数，从而检测计数电路是否能够正常工作。

单片机控制系统在测量完毕后，前端测时计数结束，当单片机检测到发送信号后，便对计数结果进行选通数据采集，采集的数据经计算、保存，由键盘控制 LCD 显示出来（见图 6-8）。

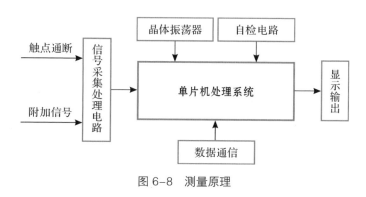

图 6-8　测量原理

第四节　河南省计量科学研究院

河南省计量科学研究院（以下简称河南省计量院）结合河南省产业发展优势和计量测试工作基础，于 2015 年开始调研气体传感器产业的发展状况和计量需求，组织专业人员采集标准，调研检验设备，改造实验室，完善计量测试条件，筹建国家气体传感器产业计量测试中心。针对气体传感器产业的产业计量测试需求和标准气体领域计量科技创新项目的需要，河南省计量院购置大型重点仪器设备，在气体传感器产业计量方面的科研能力大大提升。气体传感器在产业转型升级中涉及广泛的计量测试技术，河南省计量院建立气体传感器产业计量测试服务体系，提升企业在研发和生产方面的能力。

（1）概况

河南省计量院围绕企业在生产气体报警器过程中遇到的"测不了"的计量测试难题，开展了燃料电池发动机测试技术科研攻关。针对燃料电池发动机测试项目中的复杂工况、动态量及多参数耦合等技术难题，建立了有实效的测试工况及数据分析模块；针对燃料电池发动机企业"测不快、测不准"的痛点难点，将燃料电池发动机加速耐久测试方法及健康诊断测试功能集成于测试装备软件中，解决了企业计量测试难题，推动了产品质量迭代提升。

（2）应用意义

相关成果可为企业新研发的气体报警器产品进行全方位服务跟踪及提供新产品检验测试，大大缩短了新产品型式批准的时间，加快了产品升级换代的进度，推动了气体传感器产品的质量提升。

第五节　安徽省合肥市计量测试研究院

为满足生物医药企业计量测试需求，助力生物医药产业高质量发展，安徽省以合肥市计量测试研究院为依托，成立了安徽省生物医药产业计量测试中心。该中心自筹建以来，多次深入企业开展调研，积极提供培训指导服务，针对生物医药企业的免拆卸在线检测需求，中心开展科研项目论证，研发纯水制配、生物发酵罐温度传感器在线检测技术，为产业发展纾解难题，为地方经济高质量发展赋能。

在生物医药企业的纯化水、高纯水、注射用水、纯净蒸汽的生产、运输分配过程和配液系统中，温度传感器被广泛应用；在表征水质的电导率、总有机碳（TOC）测量中，温度也是一个关键的测量参数；在生物制药工艺的核心之一生物发酵过程中，主要的工艺装备生物发酵罐上，温度传感器广泛分布。因此，温度传感器量值是否准确，关系到制药企业的工艺过程和产品质量。

然而生物医药企业的纯水制配车间、生物发酵罐等生产环节使用的温度传感器总是存在溯源困难、不能在线检测等问题。当前生物医药企业在温度传感器检定工作中主要存在两方面的问题：一是传统计量仅检校温度探头部分。企业一般使用工业铂电阻或以铂电阻为传感器的温度变送器连接温度二次仪表或现场总线测量和读取温度参数，传统的计量方式为拆卸探头部分，即工业铂电阻或温度变送器送检，出具的检定或校准证书中反映的示值误差仅为温度探头部分。二是传感器拆卸计量影响生产效率。国内制药车间温度传感器在进行检测时需要拆卸，检测完毕后还需进行 CIP（原位清洗）、SIP（原位灭菌），费时费力，部分企业因此不能按照要求对在线温度传感器进行周期检测，并且这种方式还会给管道系统带来污染，增加了生产过程和产品风险。因此，亟须设计一套在线检测方法，解决上述问题。

针对生物医药企业的免拆卸在线检测需求，中心开展科研项目论证，旨在研究一种针对生物医药行业生产用温度传感器的在线检测方法。通过抽取出装配式温度传感器的热电阻插芯，连接延长型导线，实现一体化在线计量，以确保温度参数的准确性，保障制药生产过程的纯化水、高纯水、注射用水和纯净蒸汽达到国内与国际监管机构的水质量标准。与此同时，对传统的装配式温度传感器结构进行创新，采用卡接结构，使传感器感温元件与外保护管便于接插，用按压式导线接线柱替代螺丝接线柱，使其满足新计量检测方法的需求。

以装配式热电阻为例（见图6-9），该热电阻由感温元件、外保护管、接线盒以及各种用途的固定装置组成，有单支和双支元件两种规格，外保护管不但具有抗腐蚀性能，而且具有足够的机械强度，保证产品能安全地在各种场合使用。

具体方法为打开接线盒断开导线，抽出传感器感温元件（热电阻插芯），与外保护管脱离。此时外保护管仍装配在管道上，不与外界接触则不会造成污染。重新连接导线，电测设备即可重新读取感温元件数据，可以置于恒温槽或干体炉中进行一体化计量。

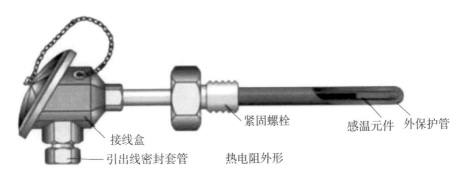

图6-9　装配式热电阻结构

第六节　北京市计量检测科学研究院

北京市以北京市计量检测科学研究院（以下简称北京市计量院）为依托，成立国家卫星导航定位与授时产业计量测试中心，主要从事电磁、无线电、卫星导航、时间频率、医疗电离辐射和光学等领域的计量检测研究，负责北京及华北地区相关计量标准的量值溯源和计量产品质检、科研、测试方法研究。

近年来，北斗系统与互联网和数字技术相结合，在共享经济、城市管理等新兴领域得到了更广泛的使用。北京市计量院将数字计量服务拓展至全球导航卫星系统（GNSS）应用全产业链，建成全球卫星导航定位系统全性能计量检测实验室，创造出许多"数字计量"运用的新技术和新业态，如电子围栏。

共享单车的出现，解决了城市"最后一公里"出行难的问题，却也因其无序化的野蛮生长给我们的生活带来了困扰。丢失、损坏、加私锁等现象时有发生，尤其是乱停放问题严重，在一些人口稠密地区反而成了新的交通阻塞点。对于共享单车的治理模式，不同地区、不同部门试验了多种方式，如固定停车架、摄像头、地感线圈等，这些方法大都存在施工难度大、地面设施多、移动调整难等问题，较难推广。

（1）概况

电子围栏是一种利用北斗卫星定位和大数据技术划定虚拟停车区的新技术，通过安装在共享单车上的卫星定位装置，监督共享单车是否停放在了指定区域范围内，其核心是高精度卫星定位测量技术。

北京市计量院针对共享单车电子围栏测量中存在的定位精度低、易受复杂环境干扰、车和围栏数据不匹配等问题，在建立北斗导航增强系统检测平台的基础上，按照北京市各区县实际情况和具体要求，对卫星定位、不同解决方案和顶层设计进行计量检测和验证评估，计量数据成为方案遴选中的"技术法官"。以北京市通州区作为示范区，通过编制关键参数测量规范，研制检测专用设备，研发模拟通州实景的标准场景，为共享单车公司智能锁的北斗定位芯片、终端和位置算法提供了计量测试和验证评估，运用精密计量技术消除了干扰因素，提高了共享单车定位精度，优化了共享单车与电子围栏的匹配数据。

（2）应用意义

经过计量校准，北京"电子围栏"示范区内的共享单车"入栏率"从最初的 45% 大幅提高到 90% 以上，定位精度从 50 多米提升到 8 米以内，使通州成为全国首个实现"无桩管理"的示范区，为解决共享单车停放乱象提供了有力的技术保障。该技术方案已于 2017 年 6 月起在北京部分城区逐步实现推广使用。

第七节　浙江省舟山市质量技术监督检测研究院

近年来，浙江省舟山市质量技术监督检测研究院围绕浙江省全方位纵深推进数字化改革战略部署，以计量数字化转型赋能数字时代，推动计量体系各要素向数字化、智能化转型升级，组织实施"数字计量助推绿色石化产业高质量发展"项目，利用三维数字化计量技术为浙江自贸区油气全产业链发展提供数字化计量保障。

（1）概况

该项目主要通过三维数字化计量手段建立真实物理三维几何模型，实现各类储罐容量准确计量，为石化企业油气储运、贸易结算等各个环节提供准确的计量数据。

（2）应用意义

数字计量促进国际油气贸易公平公正。高精度三维数字点云数据处理提高了大型储罐计量精度，为浙江自贸试验区舟山片区几十家石化企业提供数字计量测试服务。按浙江自贸试验区 2021 年油品贸易额 7300 亿元计算，储罐计量精度每提高万分之一，则每年可减少贸易损失 7300 万元。此外，油库企业将电子容量表导入库区管理系统中，可实现库区容量实时数字化管理。

数字计量保障库区储罐安全生产运营。大型储罐通常建设在沿海地区，由于海岛地理位置特殊，地质基础状况不均匀，会产生各种沉降变形，通过肉眼难以观测储罐不规则变形，过大变形可能导致储罐失稳从而发生浮盘倾斜、储罐倾覆等重大事故。三维数字化计量技术对储罐进行全面形态"体检"，构建储罐罐壁变形数字模型，分析储罐罐壁水平圆周非圆变形、竖向变形等情况，成功找到了储罐"卡盘"的原因，为企业后续维护决策提供了技术依据，受到企业好评。

数字计量为"数字化油库"提供基础数据。"数字化油库"作为石油供应链中非常重要的环节，普遍被认为是石油储运企业的发展趋势，而"数字化油库"建设的背后，是基础数据的支撑。数字计量技术在为企业提供计量技术服务的同时，建立油库企业大型储罐和库区管线等主要设施的实景三维大数据模型，为企业建设"数字化油库"提供基础数据支撑。

第7章

重点行业领域数字化测量典型案例

  《国务院关于印发计量发展规划（2013—2020 年）的通知》（国发〔2013〕10 号）、《国务院关于印发计量发展规划（2021—2035 年）的通知》（国发〔2021〕37 号）等系列文件发布实施以来，电力、石化、航空航天、交通运输等与计量和测量密切相关的行业领域积极开展了计量数字化技术发展研究与实践，积累了一定的经验，取得了一批具有影响力的成果。本书选取了 8 个行业的典型案例进行了介绍[①]。

第一节　航空航天

  航空航天是典型的高科技行业，计量则是科技创新的种子和引擎。随

[①] 部分案例见市场监管总局计量司 2022 年 10 月发布的"计量测试促进产业创新发展"优秀案例。

着航空航天和国防设备的复杂性不断提高，其测量需求也在不断变化。在数字化时代应对各种测量技术难题，是我国航空航天测量领域的重大发展挑战。

近年来，得益于数字化技术的高速发展以及其与航空航天领域的深度融合，该领域的计量管理系统、测量设备与校准平台等方面均实现了数字化转型，相关产品的成熟应用，为航空航天计量的高质量发展提供了重要技术支撑。本书有针对性地选择了航空航天计量数字化管理系统、调频激光干涉扫描测量仪、数字化综合参数校准平台等典型案例进行介绍。

一、航空航天计量数字化管理系统

航天科技集团五院 514 所（以下简称 514 所）充分发挥计量检测对航空航天领域的支撑作用，通过计量检测本身的数字化转型赋能航空航天事业，计量数字化转型工作分别围绕"计量 + 信息化"和"计量 + 智慧化"两个方向展开。

（1）"计量 + 信息化"

514 所从计量机构、客户服务以及计量设备三方面开展"计量 + 信息化"工作。在计量机构方面，514 所发挥信息技术和自身计量检测管理优势，为计量机构成功研制出一套机动计量保障系统，打造了符合标准计量实验室环境要求和电磁屏蔽效能的"方舱系统"，满足多套计量标准同时开展自动化计量检定工作的需求，为快速、便捷、可靠地开展计量巡检工作提供有力保障；在客户服务方面，514 所开发了一套计量信息管理系统，是集计量技术机构管理、设备管理、计量计划管理、人员队伍建设及管理、科研项目管理、档案资料管理、器具收发管理、证书在线编辑与签发、规范化证书管理、计量结果管理、计量需求计划管理、完成情况管理等于一体的综合性计量业务全面管理系统，辅以实时的智能化预警提示、自动报表、过程监控等功能，实现计量业务全过程网络控制和监督，解决了计量工作信息化程度低、数据共享不充分不及时等问题，大大提升了计量管理的规范化、专业化、信息化水平；在计量设备方面，514所根据客户设备管理现状，利用物联网等技术，推出一款智慧计量产品——仪器设备管理智能电子标签和仪器设备管理平板，大大提高了仪器设备管理效率。

（2）"计量＋智慧化"

514所重点在建设智慧计量实验室和研制仪器设备智能监控系统两方面积极探索"计量＋智慧化"工作。

在智慧计量实验室建设方面，514所在计量检测领域引入机器人技术，开发了基于机器人技术的"无人值守"数字表全自动测试平台，融合移动感知、人工智能等多项数字技术，打造出自动化、网络化、智能化的计量校准平台，实现仿人思维自主完成计量测试、输出测试报告，推动计量实验室智能化；在仪器设备智能监控系统研制方面，514所立足"航天产品质量守护者"定位，深入研究航天器全生命周期质量管控以及仪器设备效能监控对计量测试的新需求，研制出仪器设备智能监控系统，系统可实时将仪器设备数据上传到服务器进行分析，可掌握仪器设备的使用状态数据，为型号任务科学排产、仪器设备管理和共享提供参考，为仪器设备故障提供预警。

二、调频激光干涉扫描测量仪

北京航天计量测试技术研究所（以下简称研究所），长期以来承担着国家国防尖端计量保障任务，为载人航天、探月工程、探火工程、北斗导航等宇航任务提供了重要的计量技术支撑。2013 年以来，研究所针对传统测量难题，开展了大尺寸构件测量的调频激光干涉扫描测量仪研制工作。

（1）现存问题

传统的测量方式需要多名技术人员现场对测量产品的表面采取贴点、喷涂材料或者三坐标等接触式测量方式，效率低且测量精度不高。对于测量一些大尺寸、无法接触表面的高端装备，这种测量方式难以胜任。

（2）解决方案

针对上述大型工程中存在的测量难题，研究所开创性地将光学频率梳测量技术与激光干涉技术融合，提出了光频校正线性调频激光干涉测量新原理，开展了调频激光干涉大尺寸高精度三维扫描测量关键技术研究，攻克了调频激光干涉扫描测量关键技术，发明了调频激光干涉扫描测量仪。

（3）应用效果

调频激光干涉扫描测量仪突破了激光测距激励信号宽频带高动态线性调制、低反射率非合作目标测量微弱回波信号探测、大气扰动引入的多普勒频移及相位抖动抑制、空间极坐标系多参数误差耦合超定解析等技术瓶颈，实现了大尺寸结构外形轮廓的快速、高精度、非接触扫描测量。研究所于 2017 年受中国商飞上海飞机制造有限公司邀请共同开展机翼外形扭曲度、大型壁板轮廓度及舱段柔性装配定位测量等应用研究工作。研究所研制的调频激光雷达扫描测量技术，有效测量了舱段外形轮廓三维点云数据，解决了 C919 等大型飞机结构变形及定向定位难题。

三、数字化综合参数校准平台

中国航发商用航空发动机有限责任公司针对传统型号试验存在校准效率低、在线保障能力弱、资源调度难等痛点，运用数字化技术，自主研制了数字化综合参数校准平台。

（1）解决方案

中国航发商用航空发动机有限责任公司基于计算机分布式网络结构自主研制了数字化综合参数校准平台（见图7-1）。整个平台由PXI［面向仪器系统的PCI（外设组件互连）］总线仿真模块和测量模块组成。其中PXI总线测试仿真平台是自动化测试系统的核心，主要用于控制计算机测控软件，并通过通信接口及测试电缆控制用户设备执行相应的测试任务。功能模块主要用于接收测控站计算机的指令，完成各项仿真及测量功能。

（2）应用效果

数字化校准平台实现了与各便携式物理量标准、分体式功能模块间的Wi-Fi或蓝牙等无线通信方式的协议对接，效率较传统校准技术提升了数十倍，克服了型号试验参数复杂、时效性要求高、复杂工况值守作业难、科研资源损耗大等难题，显著地节约了科研试验准备时间，推进了科研试验进度。

数字化校准平台，无线校准控制和监视　　无线基站，信号调理和传输　　压力控制模块　　遥测系统发射模块

图7-1　压力远程在线校准逻辑

第二节　石化

石化行业与我国民生和经济发展有着密切的联系，在石化领域开展计量工作，有助于保障石化领域安全生产、提升产品质量、促进公平贸易等。

目前，我国石化产业的发展过程中存在能源利用率低、节能管理基础薄弱、能源成本高等问题，要想解决石化产业存在的问题，应该进一步推进计量信息化技术在石化领域的进步与应用，促进互联网、大数据、人工智能和石化产业的深度融合，加快数字化、智能化转型发展，重点围绕提质降本增效相关核心技术开展攻关，在石化产业全链条中开展规范计量和精准测量。当前，随着数字计量概念的出现，石化行业也在不断探索数字化转型的机遇，在行业内积极构建现代测量体系，现已有一部分先行者将数字计量运用到石化产业当中，正不断助推着绿色石化产业的高质量发展。

一、石化罐体测量系统

立式金属罐、球形金属罐、卧式金属罐等大型原油储罐是石油化工产品贸易结算的计量器具，其计量准确与否，直接关系到我国对外贸易的经济利益和国家计量信誉。同时，这些大型储罐通常建设在沿海地区，由于海岛地理位置特殊，地质基础状况不均匀，易产生各种沉降变形，存在安全隐患，易造成人员伤亡、财产损失和环境污染事故，而大型储罐体积庞大，微小的沉降和变形在日常巡检和维护中难以用肉眼观察到，针对上述问题，国家大宗商品储运产业计量测试中心研制了石化罐体测量系统。

（1）解决方案

国家大宗商品储运产业计量测试中心根据企业需求，运用三维激光扫描和 RTK（实时动态）定位等数字化计量技术，开发了立、卧、球罐以及异型舱体容量数字化计量、储罐变形检测和输油管线容量测量系统，系统首先通过三维激光扫描技术获取罐区输油管线海量点云数据，再经过 RTK 卫星定位系统为三维激光扫描仪精准定位，从而构建三维数字模型，形成大型储罐、输油管线三维数字实景（见图 7-2）。

（2）应用效果

石化罐体测量系统的成熟应用，为石化企业油气贮存、贸易结算等各个环节提供准确的计量数据，并且通过数字化手段实现储罐变形可视化监测、输油管线容量的准确测量等效果，为企业建设数字化油库提供基础数据支撑，保障石化企业的安全运营。

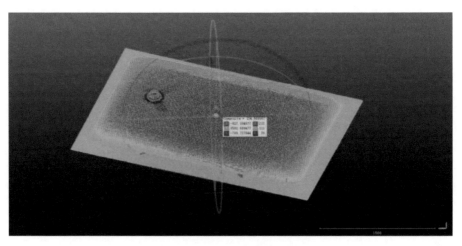

图 7-2　石化企业油气储罐三维扫描

二、铁路罐车航煤流量计

兰州石化收集、比对、分析每台槽车人工检尺与质量流量计数据,运用数字化技术有序推动航煤装载计量数字化转型,有效解决传统航煤装载存在的过程烦琐、装载率低、员工劳动强度高等问题。

(1)现存问题

兰州石化航煤装车出厂以质量流量计进行过程控制,采用人工检尺推算装车量,并以此作为出厂贸易交接结算的依据。此方式的过程烦琐,装载率低,员工劳动强度高。

(2)解决方案

兰州石化开展铁路罐车航煤流量计数字化攻关,对装车控制系统、铁路运输信息管理系统、电子交接系统软件进行升级改造,实现了铁路槽车密闭装车、自动计量及电子化交接,为企业生产经营、设备安全正常运行提供可靠的技术数据和技术保证。据了解,这一项目具有自动装车自动计量一体化、体积装车质量计量、"一对多"流量计配备模式三个特点,可有效提升计量精度,实现诚信交接,进一步提升企业对外形象。同时,也大幅降低了人员的劳动强度,提升了装载效率。

(3)应用效果

截至 2022 年 3 月,计量数字化转型后兰州石化已经完成 625 台铁路罐车装车任务,总计出厂航煤 3.37 万吨,装载率由 93.9% 稳步提升至 94.5%,节省槽车 4 辆,节约运输成本 4.44 万元,这不仅保证了油品快速装运出厂,还为中国石油上下游产业链的发展提供了有力保障。这同时也意味着航煤装载计量数字化转型取得了显著成效。

三、石化企业计量数字化管理系统

在人工智能、云计算、大数据为核心技术的共享经济、数字经济迅猛发展的大背景下，炼化企业的数字化转型是企业打造新时代竞争力的必由之路。兰州石化以减少人为误差、改善产品品质、降低成本、提高效率及增加营收等为目标，开展了计量管理整体数字化转型工作。

（1）现存问题

兰州石化炼化装置较多，计量业务繁杂，拥有各种各样的计量方式，存在人为误差、产品品质不高、成本偏高、效率低等问题，传统的管理方式已很难满足精细化管理的要求。

（2）解决方案

兰州石化采取了五项措施以提高计量精细化管理水平。一是 OPC（应用于过程控制的对象连接与嵌入）技术应用。通过增加 MES（生产执行系统）设备和生产网，解决艾默生、霍尼韦尔、横河及西门子等公司的 DCS（分布式控制系统）、PLC（可编程逻辑控制器）系统以及无纸记录仪等设备的通信方式、通信协议、数据格式不一致的问题。二是无线技术应用。采用基于工业自动化–过程自动化无线网络（Wireless Networks for Industrial Automation–Process Automation，WIA-PA）的工业无线技术，解决了部分计量点现场计量仪表安装分散，离控制室远，附近无公司生产网络，信号引入各计量点操作室导致铺设信号电缆距离远、成本高且施工难度较大，无法实现计量数据自动采集的问题。三是 RS–485 通信技术测试手段改进方面。针对计量仪表大多具有 RS–485 通信接口，长期以来维护人员习惯采用 4～20mA 信号传输模拟量，再通过 DCS 或 PLC 系统进行累积量的计算，存在累积量计算误差大的情况，造成在计量中无法使用的问题，而通过具备 RS-485 通信标准的计量仪表，在 DCS 或 PLC 上增加 RS-485 转换卡件实现多参数传输，提高了数据传输准确性，较好地解决了累积量误差大的问题。同时，采用以上多种技术开展计量数据自动采集工作，对 DCS、PLC 等系统进行接口和 MES 生产网改造。四是计量信息管理平台的开发与应用方面。兰州石化建设了由计量监控、计量数据、计量设备和计量衡 4 个功能模块组成的计量信息管理平台。五是计量远程电子化交接系统的开发和应用方面。兰州石化建成了由基础数据采集、电子签章管理和客户端 3 部分组成的计量远程电子化交接系统。系统将管输、公路和铁路 3 种进出厂方式产生的计量交接数据通过数据接口上传到计量信息管理平台，计量信息管理平台根据各计量点的工作实际生成满足要求的电子计量单，交接双方采用在线审核、签署、流转的方式完成计量交接过程，并将签署后的电子计量单上传到各客户端用户单位。

（3）应用效果

实现数据的自动采集，保证了生产系统的稳定运行，实现从生产测量控制系统到管理系统的数据自动采集，实现数据网上共享，计量数据、计量器具、计量流程的实时监控和管理，提高了自动化水平，降低了劳动强度，提高了工作效率，提高了数据准确性和及时性。

四、流量计在线监控系统

中国石化扬子石油化工有限公司针对石化企业使用的国外流量计存在信息安全难以保证、采购价格昂贵、维护成本高以及兼容性差等问题，设计研发了流量计在线监控系统。

（1）解决方案

中国石化扬子石油化工有限公司利用智能化监测技术开发在线监控系统，实现了计量仪表故障自动诊断，形成诊断案例库，系统可对采集的数据进行分析，了解事发前、中、后的运行状况，并进行数据化的分析和处理。同时，通过建立流量计状态参量与运行准确度之间的联系，该公司用数字化手段进行现场运行准确度判断，开辟了现场校准新途径。

（2）应用效果

在计量管理上，该系统构建了企业级智能计量仪表监控中心（见图7-3），提供丰富的数据接口，能够与实时数据库、移动应用平台等系统接口连接，实现数据共享。该系统对计量仪表进行集中管控，并为将来打造工业元宇宙提供真实、可靠、透明、可溯源的基础数据支撑。

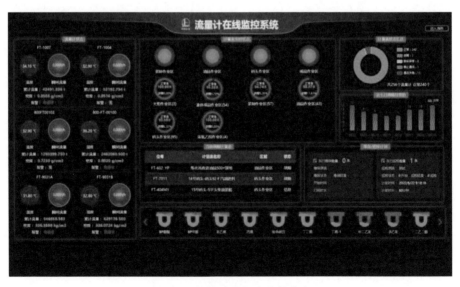

图7-3　智能计量仪表监控中心

五、计量仪表在线校准技术

石化企业应用的各类流量计、计量罐、压力表等仪表，由于连续生产原因，无法定期下线进行量值溯源。一方面，计量仪表拆检过程对安全生产存在难以估计的潜在风险；另一方面，实验室条件下的离线溯源与工况条件下的使用存在一定计量误差，不能真正反映工况条件下仪器的使用情况。针对上述情况，中国石油化工集团有限公司开展了计量仪表在线校准技术研究。

（1）解决方案

中国石油化工集团有限公司联合多家单位开展技术攻关，实现了对流量计、衡器、计量罐、电能表、石油勘探 / 钻井计量器具等 18 种常用计量仪表的在线校准。例如，针对流量计类在线校准技术，利用移动式计量撬、标准表、轨道衡、汽车衡及计量罐等器具，进行规范、有效的比对和计算，确定被校准流量计的示值误差，给出合理的不确定度评价。又如，针对压力表的在线校准，设计了一种压力校准装置，测量范围为 0 ~ 60MPa，实现了现场离线或不拆卸压力计量器具的快速连接、快速升压、平稳降压、数据采集及误差计算的全自动操作（见图 7-4）。

（2）应用效果

实现了对压力表的现场、在线校准。相关在线校准技术填补了国内在线校准技术空白，达到了计量仪表量值可溯源、操作可在线、方法易推广、作业更安全的现场工作的要求，对企业提高量值溯源水平和降本增效具有深远意义。

流量积算仪在线校准　　　　　　　　　　压力表在线校准

图 7-4　流量积算仪、压力表在线校准

六、“云计量鹰眼”管控模式

随着国内炼化企业加快推进转型发展的步伐，传统的人工计量模式严重制约着进出厂效率的提高和计量风险管控水平的提升。加强计量业务的全方位、全过程、立体化管控，开创与企业高效管理相适应的计量管控模式，成为计量管理的重要课题。为此，中国石化青岛炼油化工有限责任公司（以下简称青岛炼化）积极探索计量科技创新之路，以“数据＋平台＋应用”为策略开展数字化计量监管技术研究。

（1）现存问题

此前青岛炼化各装车场采用人工计量方式，装车过程中，为防止超装冒装，司机需要在罐车上连续值守 30 分钟，观察液位变化，由于进出厂车辆多、任务重，司机需要排队等候很长时间，才能完成地衡称重计量。

（2）解决方案

青岛炼化应用“智能＋”与 5G 网络等信息技术建立云计量管控中心，

结合计量点多、岗位分散等特点，探索应用人工智能和物联网技术强化数据共享，集成物流系统、门禁系统、计量系统和 ERP（企业资源计划）系统等，开展"工业互联网＋计量"建设，开启"一证式物流、自助式计量、立体化管控、全景式展示、多维度应用"的云计量"鹰眼"管控模式，建立了中国石化首个云计量鹰眼管控系统。这标志着青岛炼化实现人工、分散计量向智能、集中计量转变，实现计量管理流程化、可视化、平台化、集约化、信息化，大幅提升了企业计量效率和客户满意度（见图 7-5）。

图 7-5　青岛炼化公司云计量管控平台界面

（3）应用效果

实现了传统计量向创新计量、人工计量向智能计量、分散计量向集中计量的转变，强化了计量业务的立体化管控和计量数据的多维度应用，实现了企业进出厂业务的现场自助云计量和远程智慧云监管。

第三节 电力

当前，电力行业传统的供电模式、电力服务方式已无法满足现代化产业背景下终端用户的用电需求，因此，我国电力市场内的大部分供电企业已在产业融合变革发展的大背景下，实现了产业生产与经营模式从单一化向多元化发展转变。新技术在电力企业终端智能生产、智能管理、安全调度、资源配置等方面工作中均发挥了应有的作用。因此，新形势下应该准确把握电力计量工作的任务，围绕计量数据采集、应用和管理，从夯实数字化转型基础、加快数据要素价值释放、促进数据要素流通共享等方面推动电力计量数字化转型升级，为新型电力系统构建、电网高质量发展提供技术支撑。

一、数字计量实现量传业务转型升级

国网计量中心围绕"体系质量管控、设备互联互通、数据分析应用"三个方面，开展计量量传业务系统数字化转型工作，推动计量活动数字化管理，拓展计量业务智能化分析应用。

（1）主要工作

国网计量中心推动人员、基（标）准设备、实验室资质、标准等体系要素基础数据在线管理；加强人员资质管理，建立人员资质、标准设备与试验业务活动关联关系，杜绝无证作业及标准设备超期作业风险；开展计量设备全寿命周期管理，建立设备到货登记、维护维修、降级报废等全环节线上管理；推动实验室资质和标准管理线上化。国网计量中心根据业务繁杂度、紧急度、业务量等信息实现试验活动的智能化排期管理；通过建

设计量设备协议库及标准化数据字典，逐步开展设备智能化接入及标准化改造；引入电子签章技术，推动业务线上审批、及时推送。

（2）应用效果

实现了体系要素数字化和线上化，实现人员证书到期自动提醒开展复审和培训；实现复评审时间的智能预警及过程文件的一键归档，大幅度降低人工成本投入；实现计量业务线上预约委托管理，并提供业务线上化实时跟踪查询服务；实现检测设备与业务平台互联互通，数据实时集采和设备联动集控，实现计量高效无纸化办公。

二、电力计量装置故障智能化诊断系统

随着我国电力行业终端的数据接入量不断增加，采集量也越来越大，采集器每天需要采集的数据非常多，高强度的运行容易导致故障的出现，电力计量装置的维护工作也越发困难。针对上述问题，国网四川省电力公司绵阳市安州供电分公司开展了电力计量装置故障智能化诊断系统研究。

（1）现存问题

目前广泛使用的电力计量装置故障诊断方法，主要是基于诊断信号、诊断数据模型加上多年来的实践经验。现阶段诊断的过程大都依赖于非智能化的人工操作，所以工作量较大且工作效率较低。随着科学技术的快速发展，智能化技术发展迅速，人工智能诊断技术被不断完善和优化，越来越成熟地应用于检测电力系统计量装置的故障中。但是，在非智能化的人工操作中，计量装置非常容易出现各式各样的故障，随着采集数据量的不断增长，传统的数据库很难在短时间内对存在的故障进行判断，导致工作效率非常低，无法满足当下用户的需求。工作人员基本都是按照多年来的

实践经验,加上对现场故障的掌握情况来开展故障诊断工作,所需成本较高,工作效率也比较低。

（2）解决方案

在大数据的基础上,通过构建电力计量装置故障智能化诊断知识库,并合理使用异常特征模型及专家规则库,采用分布式系统对电力计量装置进行在线监测,并将结果与知识库中的相关标准对比（见图7-6）。

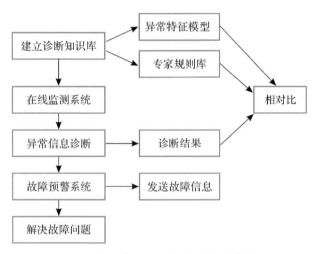

图7-6　电力计量装置故障智能化诊断流程

（3）应用效果

该方法具有良好的智能性,不仅能够提高电力计量工作的工作效率,使故障诊断结果更加准确,还可以提升电力企业故障诊断系统的性能,保障电网的稳定运行,有利于提高电力企业的经济效益。

三、智能电表自动化检定系统

智能电表是我国重点管理的计量器具，是供电企业与客户进行用电贸易结算的依据，也是民众心中的"秤杆"，涉及千家万户，关系到国计民生。智能电表是一种每家每户都会用到的计量器具，日常检定智能电表的工作十分繁重。随着国家智能电网建设步伐的加快，全社会大力推行换装智能电表，对智能电表的检定需求量也会成倍增长，与传统的检定人员人工检定模式的矛盾凸显。

（1）现存问题

以往各供电公司检定工作均采用程控的检定装置，传统电能表检定装置的表位都是单机系统，需要人工将电能表挂接在检定装置上，检验完成后手工拆表。但是，此类模式的检定效率不高，作业过程容易受检定人员的操作技能水平影响，达不到标准化作业的水平，导致检定质量不均衡，检定结果也存在人为差异。

（2）解决方案

技术人员采用模块化设计，对各功能单元进行技术分析，构建了智能电表自动化检定系统。系统实现了从自动出库，将智能电表周转箱输送到检定系统的接料位，然后进行自动检定、入库等自动化处理，包括周转箱输送、自动上下料、外观检查、耐压试验、多功能检定、自动插卡、贴标、封表、合格与不合格智能电表分拣等一系列操作（见图7-7）。

（3）应用效果

提高了检定稳定度和能力，减少了系统误差和人为误差，最终实现自动化检定。同时，在自动化检定系统中增加了自动分拣模块功能，并对分拣系统进行了测试，能够对拆回的智能电表进行快速、规范分拣，依据智能电表故障情况可以对批量智能电表进行质量分析。研究了自动化检定处理系统中误差试验控制模块并进行测试，有效缩短检定时间，提高了检定效率。可见利用自动化、智能化、信息化等技术设计智能电表自动化检定系统，并对其应用进行分析是有重要意义的。通过检定业务的集约化和自动化，计量检定成本可以大幅下降，消除了人为和地域因素引起的检定质量差异，提高了生产效率，创造了巨大的经济效益与社会效益。

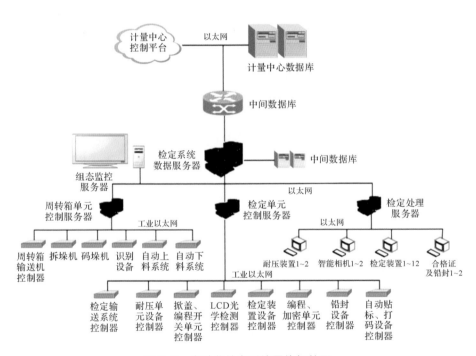

图 7-7　自动化检定系统网络拓扑图

四、基于虚拟标准器的关口电压互感器在线监测与状态评价

为实现关口电压互感器在线监测及状态评价，国内外研究人员均开展了长期探索，提出了包括带电投入标准器、侵入式状态监测等多种技术思路，但技术本质均是从电力系统的一次高压侧入手，安全风险高，且干扰系统正常运行，无法投入工程应用，为此，国家智能电网量测系统产业计量测试中心就如何实现电压互感器在线监测及运行状态精准评价开展了相关研究。

（1）主要工作

国家智能电网量测系统产业计量测试中心以构建虚拟标准器为思路，首创面向大规模电压互感器群体的虚拟标准器原理与方法，突破关口电压互感器误差在线准确评估的关键技术瓶颈，研制了"端边网云"协同的互感器计量性能在线监测与状态评价平台，形成了站内高精度采集—就地高性能计算—专用网络传输—远程云计算高级应用技术路线（见图 7-8）。

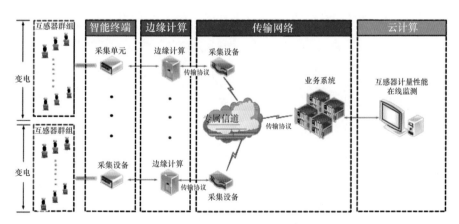

图 7-8　互感器在线监测与状态评价系统框架

（2）应用效果

在世界范围内率先实现了关口电压互感器的不停电误差状态监测。在保证电网运行可靠性的前提下，能够实时发现部分失准互感器，更重要的是为海量电压互感器这一国家巨额电能贸易结算"一杆秤"的准确可靠提供了实时的技术监督手段，从而实现公平公正。

五、计量站实验室可视化监控平台

高压计量是保障电网安全运行、保障电能贸易结算公平公正的重要支撑。在数字革命与能源技术革命相融共促的大背景下，国家高电压计量站以高质量发展为目标开展高压计量数字化转型工作，并成功搭建计量站实验室可视化监控平台。

（1）主要工作

2021 年起，国家高电压计量站以"高压量传数字化转型"为核心，制订了高压计量智慧实验室整体方案规划并同步开展建设工作，完成了实验室数采控制终端的研制，终端具备多种协议快速转换的功能，实现设备网络化接入与运行状态监测。通过实验室全要素、全场景、多维度的计量数据自动获取、采集，实现检测人员、设备、试品和实验环境的"感、传、控"，从而能够提升检测工作质量和效率。同时，计量站引入高压校验全环节风险点监控和专家分析系统，实现设备运行状态可视化、故障智能诊断及设备自动维护。此外，为实现高压计量设备通信标准化，推动智慧实验室标准化建设，计量站从行标和国家电网企标方面开展了标准化布局，下一步将与设备生产厂商共同制定统一的数据模型、设备接口等系列规范。

（2）应用效果

通过实验室可视化监控平台，实验人员及访客通过 AI 识别门禁授权进入，联动视频监控及人脸识别功能，记录实验区人员流动轨迹。基于射频识别技术，在设备及样品表面张贴定制化 RFID 电子标签，实现实验室设备及样品出入智能化管理，提高采样和样品流转效率，避免样品丢失、损坏。在实验室部署环境监测传感器，实时采集实验室的温湿度、悬浮颗粒、甲醛、PM2.5 和光照等环境数据，与空调、通风设备联动，实时、动态地调整实验室环境。在安全方面，部署激光对射安全电子防护围栏，对高压实验区域进行实时安防，对人员非法闯入进行实时报警与联控，保证实验区域人员安全。系统还可以实时同步实验室标准器档案和溯源数据，生成标准器稳定性曲线，监测标准器计量性能变化（见图 7-9）。

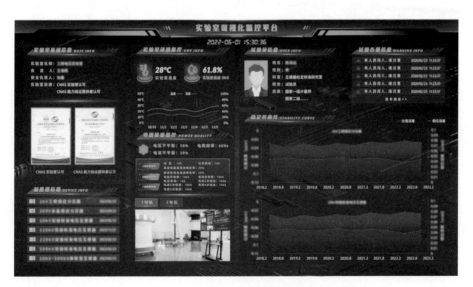

图 7-9　实验室可视化监控平台

第四节　交通

交通运输业的发展离不开计量的有力支持。当前，我国交通运输行业正处在加快建设交通强国、当好中国现代化开路先锋的关键时期。构建现代化高质量国家综合立体交通网，要求计量行业充分发挥计量的技术基础作用，全面增强计量保障能力，提升工程、产品和服务质量。大力发展智慧交通和智慧物流，推动自动驾驶、智能航运、网约出租汽车等新业态健康发展，要求计量行业提供精准、快速、智能的计量服务，强化计量数据管理运用。落实"双碳"目标，构建绿色低碳交通运输体系，要求计量行业进一步提升营运车船能耗能效和尾气排放计量检测能力，完善能源计量服务体系。建立统一开放的交通运输大市场，维护公平的市场竞争秩序，要求相关单位加强计量器具监管，完善诚信计量体系，保证全国单位制统一和量值准确可靠。在国务院决策部署和《计量发展规划（2021—2035 年）》的任务要求下，交通运输行业重点提升交通运输计量保障能力，为加快建设交通强国、当好中国现代化的开路先锋提供了有力支撑。

在我国交通运输体系的发展过程中，计量在工程建设、装备制造、运营管理等方面提供了重要的技术保障。数字时代，交通运输行业中的计量科学与飞速发展的中国交通事业同频共振，快马加鞭地开展着计量数字化转型的探究并取得了丰硕的成果。

一、治超关键计量设备数字化监管平台

随着"物联网 +"、大数据分析等现代信息技术的快速发展以及在智慧城市建设工作的推动下，公路治超逐渐向远程、非现场以及自动化方向

转型发展。保障动态汽车衡计量量值准确、可靠，是公路治超、执法的关键。在此背景下，浙江省计量院开展治超关键计量设备数字化监管平台研究。

（1）现存问题

公路运输长期以来占我国交通运输领域的比重最大，超载运输问题也长期威胁着公路交通的安全，动态公路车辆自动衡器（动态电子汽车衡）是开展车辆超限超载运输治理工作的关键计量设备。动态电子汽车衡是一种动态称重计量设备，称重数据误差较大，根据计量检定规程 JJG 907—2006《动态公路车辆自动衡器检定规程》的规定，动态 5 级秤的使用中允许误差为 $\pm 5\%$。对称重结果产生影响的因素也很多，如动态公路车辆自动衡器通常在收费站使用，基本上全天一直处于工作状态，部分收费站车流量太大，动态汽车衡每天要受到上万次的冲击，导致数据不准确。

（2）解决方案

通过数字化技术，以动态汽车衡检验检测业务为中心，建立治超关键计量设备数字化监管平台，运用物联网、大数据、数字化编码等现代信息技术，依托现有 E-CQS（电子质量监督系统）、型评、业主设备库等多个信息系统的协同合作，有效贯通日常维保、检定、核查以及生产型式等全生命周期计量链。

（3）应用效果

在计量机构层面，实施动态汽车衡首次检定时，检定人员根据平台依托对接的 E-CQS 数据库所关联的设备型式信息，核实设备，检定并将检定信息发回平台检验检测业务功能系统，实现无纸化证书出具，并将检定结果信息反馈至 E-CQS 功能系统，形成检定结果二维码，张贴于设备上。后续的周期检定、故障维修后检定中，检定人员重新扫码更新 E-CQS 功能信息，或让系统直接形成新码覆盖旧码。

在消费者层面，消费者可随时扫码了解动态汽车衡的检定行驶速度范围、准确度等级、检定有效期等信息，合理安排装载、过秤速度。当消费者认为动态汽车衡出现问题时，可以直接扫码进行投诉反馈，平台收到投诉后，利用计量器具的检定原始记录数据、中期核查数据、检修情况等进行大数据分析和智能研判，进行分级推送反馈。允差范围内，直接解释反馈至消费者；允差范围外，根据设备计量风险大小，通知持有者、检定机构进行相应级别检查检测，更新平台数据、向投诉人反馈。

在管理者层面，管理者可随时扫码了解该单位设备基本计量性能、检定有效期、检定原始数据、检修等信息，以便确定合理的设备周期检定、日常维护频率以及作出报废决策。当设备检修后或突发紧急事件或业主认为需要检定（如使用频率过大）时，可直接扫码申请周期外的计量检定。

在监管者层面，基于平台数字化计量功能、消费者查询投诉功能以及业主申报查询功能，监管机构实时收集动态汽车衡生产型批、检定、维护甚至是作弊等信息，并利用平台大数据云计算进行数据挖掘与分析，形成全产品周期、全服务群体的计量器具风险防控预警体系，指导公路治超执法工作，助力企业新产品设计开发。

二、铁路计量管理信息系统

国家轨道衡计量站以传感技术、信息技术等为技术基础，以对铁道货车超偏载检测装置、自动轨道衡的周期检定为统一检测量值的保证，构建了以铁路货运计量安全检测监控系统为基础的铁路计量管理信息系统。

（1）主要工作

铁路计量管理信息系统对关键铁路专用计量器具使用、溯源、数据采集等进行了数字化、自动化及智能化改造，优化量值传递和溯源工作。同时，以现有"铁路计量管理信息系统"为基础建立"计量数据平台"，建成后的平台除具备计量器具基本信息存储、检索、显示和建标管理功能外，还可实现计量数据自动采集、存贮，计量器具量值溯源信息维护、数据分析等重要数字化功能，实现了现有"铁路计量管理信息系统"的优化升级。

（2）应用效果

在轨道衡计量领域，为提升对轨道衡的技术保障和服务支持，国家轨道衡计量站根据自动轨道衡结构、运用和管理特点，基于物联网、大数据技术，研究建立自动轨道衡技术综合服务网络平台，集自动轨道衡运行状态、数据实时监控、证书出具、称重数据综合判断及后期管理等于一体的技术服务，极大地提高了自动轨道衡的应用水平和检定工作效率。对货车装载状态进行实时的计量安全检测与监控、全程追踪和智能评判，每月监测铁路货车 2300 余万辆次，保证了铁路货运安全和贸易结算公平公正。

在铁路罐车计量领域，国内首创容量计量三维激光扫描法，这是一种能整体评判量值溯源的方法，它取代了国外长度、角度单一量值溯源，保障了三维激光扫描仪测量结果准确、可靠，是我国三维激光扫描技术在计量领域的唯一法制化应用。同时，非接触式硬件系统和 3D 点云软件破解了传统测量方法无法满足的准确、高效、安全的需求难题，实现了几何结构特征、形变趋势等关键参数自动分析的功能，使复杂工况检测的精度和效率更高。

三、先进测量技术促进交通运输行业高质量发展

沥青砂对交通运输的发展起着至关重要的作用，主要体现在两个方面：一是沥青砂成本低，适用于大量的基础设施建设；二是沥青砂具有膨胀和收缩特性，可使道路不易出现裂缝，同时大幅提高道路的减震能力。

（1）现存问题

沥青三项指标的测定受试验方法及条件影响较大，试验检测仪器功能的逐渐完善以及仪器自动化程度的提高，对计量技术提出了更高要求，传统的校准方法已无法满足现代化测量的需求。山东省交通科学研究院为解决影响沥青针入度、软化点和延度三大指标试验检测仪器计量准确性的因素，对沥青试验检测仪器进行数字化改进。

（2）解决方案

山东省交通科学研究院针对沥青针入度仪试验过程中人工肉眼定位标准针初始位置、人工手动调整试样位置等影响试验结果准确性的因素，设计了一种智能化针入度仪；针对沥青软化点仪温度传感器动态响应性能不符合要求和升温速率校准数据不准确的问题，设计了沥青软化点仪校准装置；针对沥青延度仪试验过程中恒温槽水温因水循环系统关闭而改变过大和人工肉眼无法准确判定沥青断裂位置的问题，设计了带有内外双循环系统和图像采集功能的新型沥青延度仪。

（3）应用效果

试验检测仪器的数字化改进有效消除了试验过程中外界因素对试验数据的影响，为推进试验设备向数字化、智能化转变提供了实践参考。

第五节　碳计量

在国家"可持续发展""绿色发展"战略和实现"碳中和"目标的深刻影响下，降低碳排放量已然成为一种社会发展的潮流和趋势。计量是推动能源资源高效利用、产业结构深度调整、生活方式绿色变革、经济社会绿色转型的重要支撑，是实现温室气体排放"可测量、可报告、可核查"目标的重要保障，对如期实现碳达峰碳中和目标具有重要意义。

计量在助力节能降耗产业发展方面大有可为，主要表现在能源的有效监测依靠计量，如果没有准确、可靠的计量数据，能源消耗可能就是一笔糊涂账。在节能工作中，计量仪表是基础，起到极为重要的作用。加强能源计量的研究、实施和推广，节能减排才能真正做到有的放矢。

一、碳计量边缘一体机

当前，碳排放的统计核算工作主要靠政府委托第三方机构核查，但是该方式存在三方面问题。一是给政府财政带来负担，政府每年需要为每家企业的碳排放统计核查工作支付数万元费用；二是数据统计存在滞后性，准确的碳排放数据在企业排放一年后才能被获取，难以起到及时辅助控排决策的作用；三是数据诚信存在一定问题，如 2022 年 3 月 14 日，生态环境部对 4 家第三方核查机构碳排放报告数据弄虚作假等典型问题案例进行公开通报，通报其篡改伪造检测报告、制作虚假煤样、报告结论失真失实等突出问题。

基于国家政策要求及市场痛点，江苏擎天工业互联网有限公司依托 14 年绿色低碳信息化业务的深厚积累，组织多名资深专业人士成立项目团队，潜心研究数字化碳计量技术，创新推出首款碳计量边缘一体机。

（1）解决方案

碳计量边缘一体机依托碳核算标准库，集成并应用物联网、边缘计算、区块链、绿色工业互联网等关键技术，实现企业碳排放数据精准、实时、可信计量，为企业开展节能减排、碳交易、碳盘查、碳核查、碳足迹、碳认证、碳规划等工作提供基础支撑。企业安装在线监测装置，采集碳排放边界内各种排放源进行计量核算，以达到碳排放数据实时可知、实时可视、实时可控的目的，有效解决企业碳排放数据实时计量问题。

装置同时支持排放因子法、物料平衡法、实测法三种核算形式，内嵌国家发改委公布的 24 个行业企业温室气体排放核算方法，以及 ISO 14064、ISO 14067、PAS 2050、GB/T 51366—2019 等国际国内主流核算标准库，可应用于发电、钢铁、水泥、化工、交通等重点企事业单位，以及机关、建筑、园区、景区等典型应用场景。

（2）效果概述

目前二氧化碳的排放来源主要包括化石燃料燃烧排放、生产过程排放以及净购入使用电力热力排放等几部分，企业碳管理基本只能依靠每年的人工碳核查，也有部分企业根据能源资源消费推算碳排放情况，但两者都存在数据统计分析时间维度过于单一、能源资源数据推算不够准确等问题。由此可见，企业在全面、实时、直观、准确的碳管理上具有一定提升空间。

碳计量边缘一体机应用推广的目的在于完善不同类型企业数字化碳计量管理体系，实现企业碳排放数据实时计量，为企业绿色低碳发展提供助力，为政府决策提供数据支撑，为企业开展节能减排、碳交易等工作创造条件。

根据市场调研，绝大部分企业能够接受花费 1.5 万—5.5 万元采用传统人工碳盘查、核查方式对企业碳排放情况进行摸底。值得一提的是，企业更希望在对碳排放的摸底过程中能够及时发现自身存在的问题，挖掘更多的数据价值。因此，一种经济投入较为合理的基于碳计量边缘一体机的数字化碳计量监测系统在当前对行业发展是有帮助的。

碳计量边缘一体机旨在利用数字化技术，使传统人工碳盘查、核查的方式向便捷化转变，即通过安装数字化碳计量设备采集企业碳排放边界内各种排放源进行核算，以达到碳排放数据实时可知、实时可视、实时可控的目的，帮助企业实现碳资产管理数字化转型，降本增效。

利用碳计量边缘一体机的实时数据采集分析能力，明显达成了两个价值目标。一是定位，可以快速定位问题所在地，初判引发问题的原因，从企业源头数据中发现异常，第一时间解决具体问题。比如：工厂的某台设施设备发生异常，可以通过碳计量边缘一体机第一时间发现问题，可以制定相应的预警策略。二是定额，可以将主管部门或企业内部决议的固定指标分解为三级管理，目标拆解后，以动态监管解决精细化的管理问题，有效避免碳排放超标。

在社会效益方面，一是推动低碳技术创新，形成数字化碳计量的硬件、软件和数据库系统，填补行业内空白。二是健全绿色市场体系，通过碳计量技术服务体系，帮助企业适应国际绿色经贸规则，做强具有世界聚合力的双向开放枢纽。三是推动技术管理创新，研发数字化碳计量的先进值、基准值和限额值等技术标准，有助于产业节能减排和提高竞争力。四是打造技术服务体系，通过"双碳"信息化公司＋计量检测机构的资源整合，形成政府＋市场＋技术推动的技术服务模式，指引企业挖掘减排潜力，领航国内低碳制造产品标准制定。

二、碳管理系统 GeCMS

我国作为制造业大国，推动低碳、零碳技术发展是在新能源领域塑造全球性竞争优势的必然选择，有利于将我国从化石能源时代的能源进口国转化为"双碳"时代的能源出口国。但是，我国制造业在实现"双碳"目标的过程中存在任务重、时间紧、管理体系缺失、数字化工具缺乏等痛点。为满足客户快速搭建管理系统和业务高速发展的需求，格创东智科技有限公司开发碳管理系统 GeCMS，以数字化方式搭建碳计量体系。

（1）解决方案

碳管理系统 GeCMS 采用微服务体系架构，且大数据和算法应用经验丰富，可支持百万量级数据点位的能源大数据分析和应用，具有可进行二次开发、可拓展性强等显著优势。该系统通过碳排放数据采集、管理和优化三联动，依托数字化碳计量体系为制造业企业和工业园区搭建一站式低碳数智化平台，助力制造业早日实现碳达峰碳中和的目标。此外，GeCMS 涵盖了从碳盘查、碳足迹、碳资产管理，到碳交易、碳减排的碳资产管理体系的全链条服务，可大幅提升碳计量的效率和准确性，实现企业全生命周期的碳排放数据监测、生产全过程的碳排放核算、产品全流程的碳足迹核算，为企业持续优化绿色供应链，建立产品低碳化竞争优势。

（2）应用效果

该系统能够采用数字化的方式，为企业实现碳配额及碳资产管理、智慧化碳交易分析及管理体系，盘活企业碳资产，平衡节能减排与企业发展之间的关系。据悉，格创东智碳管理系统 GeCMS 可广泛应用于半导体、3C电子、汽车、新能源等高端制造业，以及电力、钢铁、水泥、石化、建筑等传统重点排放行业。

第六节　民生

计量作为"隐身的安全卫士"，与人民生活息息相关。主要体现在三个方面：一是维持社会经济秩序的有效手段。在市场交易中，诚信、公平、公正、透明应是交易双方共同秉承的原则，为此，《中华人民共和国计量法》规定，用于贸易结算、安全防护、医疗卫生、环境监测等工作的计量器具，由政府实施强制管理，必须经检定合格才能被使用。二是居民生命健康安全的有力保障。随着生活水平的不断提高，居民越来越注重保健，人们已逐步认识到各种计量对生活的影响以及准确可靠测量的重要性。如新房装修、医院用的各种仪器设备、环境保护等常用的检测仪器是不是准确可靠。因此，保证计量的单位统一、量值准确可靠不仅关系着测量的准确性，还关系着人民的生命与健康。三是环境保护的重要工具。要有效解决城市雾霾问题，必须首先对大气中各种物质的含量进行精确测定，以便制定出有效的处理方案。对于水质污染问题，加强水质监测工作是确保居民饮水安全的关键。至于城市噪声问题，则需对施工区域和居民生活区进行分贝检测，以此为基础制定更为合理的城市管理条例。

近年来，数字化不断赋能民生计量领域，主要应用于水表、电表以及燃气表等与居民生活息息相关的方面。

一、"浙里检"应用

"浙里检"应用顺应数字经济高质量发展需求，以"一件事"改革思路，运用集成式、异地远程、智慧化服务，聚焦检验检测服务业中许可审批、公共服务、行业发展、智慧监管、协同治理等关键节点，协同浙江 21 个省级部门，汇集省内 2300 余家机构，打通供需两侧，横跨国家、省、市、县4 级，打造"一表准入""一站服务""一网追溯""一链查询""一体治理"的产业生态，极大提升了检验检测对数字经济特别是数字制造高质量可持续发展的支撑保障能力。

1. 主要做法

（1）筑牢数字底座，引导行业发展

一是夯实数字化基础，推动审批要素结构化。深入贯彻省委、省政府关于营商环境优化提升"一号改革工程"的有关精神，认真落实省局党委关于"有感服务、无感监管"决策部署，以企业需求为导向，将检验检测标准依据、资料表单等结构化，制订形成要素结构化规则，打通政府、社会、企业、个人四侧，实现 11 个地级市 90 个县（市、区）三级贯通。二是运用数字化技术，简化主体申办流程。全量、精准、实时实现浙江省检验检测数据和结果数据归集上报工作，构建常态化数据归集渠道，实现一屏掌握全省检验检测机构资质审批、机构能力水平、公共服务、协同监管全貌。创新简便许可方式，运用远程、在线等技术提升评审智能化水平，推动审批工作高效有序进行，提高行政审批效率，压缩经营主体和用户群体时间成本。三是加强数据研判应用，引导行业发展方向。健全行业监测系统，梳理分析检验检测内容，建立法定强制性检测、市场自主性检测和行业检测潜在需求三大类数据库，首先是便于行政审批随机抽查，增强审批部门的责任感，有利于杜绝违规违法行为的发生；其次是为检验检测机构提高管理效率提供支撑，使其能够更好地进行实时监测与预警，及时发现问题漏洞并给予反应；最后是通过对数据的深度挖掘和科学分析，使其可以精细地渗透至其他领域，为产品技术革新和质量提升、产业转型发展和结构

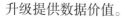

升级提供数据价值。

（2）智控检测过程，打通供需两侧

一是迭代优化"浙里检"公共服务平台。贯通检验检测机构资质认定平台、检验检测机构管理服务应用平台、检验检测机构综合治理平台、检验检测公共服务平台的数据要素，整合集成全省 2555 家检验检测机构服务能力，全面梳理浙江检验检测基本需求，持续优化"浙里检"设置和功能，为供需双方提供信息对接、方案定制、检验检测等多流程、全链条的"一站式"服务。二是加快检测过程规范阳光化。构建"浙里检""144"架构体系，运用物联感知、远程在线、赋码赋芯等数字化技术，集成"检的管理、检的过程、检的结果、检的监督"四大场景，推广建设"阳光实验室"，实现一屏掌握浙江检验检测机构资质审批、机构能力水平、公共服务、协同监管全貌，提高检验检测过程透明度，从而增加行政效能、提升行政公信力。三是加大检测服务输出。推广建立远程智控实验室，运用物联网、工业机器人等数字化技术，着力破解检验检测许可项目难统一、检测服务不便利、智慧监管水平不高等问题，将原本只能在机构高标准实验室中进行的检验检测服务下沉至传统制造业企业厂区中，通过机构、企业合建检测实验室，对企业质量关键岗位人员进行技术和标准化作业流程培训即可实现自动化同质同标检验检测，确保检验检测质量的同时，提高企业生产效率，降低企业负担。

（3）推进多方互信，赋能结果运用

一是提高检测结果互信程度。通过打通资质能力信息流、检测结果数据流，形成开放共享、协同合作的生态体系，夯实结果互认互信工作基础，搭建存证查验系统，应用二维码、区块链等技术，推进检验检测报告赋码、上链，实现检测结果线上实时核实。二是拓展检测结果运用领域。建设互认机制信息库，识别归集生产、流通、消费等环节的国际、国内、行业、区域互认检测报告，定时监测使用情况，为浙江检验检测机构和传统制造业等产业走出去，公平参与国内国际市场竞争提供保障。三是坚持防范化解数据弄虚作假问题。加强平台对检验检测机构及其工作人员在线管理，通过数字化手段杜绝机构超能力、超范围、超领域出具报告；进一步强化三级审核管理，多维度对报告数据进行关联自查，确保不出具虚假、不实检验检测报告，对于违规违法行为严格按照相关要求予以处理。

（4）实施智慧监管，规范行业发展

一是建立信用评价模型，推动协同监管。基于平台业务工作流程梳理信用承诺和法律依据契合点，建立信用评分体系，精准对检验检测相关工作进行分析，强化对机构日常工作评价和风险评估，形成有效的约束机制。制定信用评价体系，建立动态评价模型，对检验检测机构实施信用四色评价，分级监管。二是压实机构主体责任，鼓励行业自律。加强对机构登记注册、备案承诺、履约服务、质量安全等方面的监管，要求机构签订公示自律公约，充分发挥自律管理措施和纪律处分的引导、威慑作用，明确监管重点，提高监管针对性，促进机构增强自我约束意识、强化对从业人员执业行为的管理。三是开展风险监测，推进智慧监管。运用大数据对检验检测机构及行为存在的风险进行研判，在信用评价算法基础上细化算法模型，实现分级分类精准智慧监管，形成"事前提醒、事中监测、事后处置"的全链条风险防控体系，织密风险监测网络。聚焦科技创新实现信息应用突破，通过"算力＋算法"对已存证的报告、证书实施"合规体检"推进检验检测智慧监管，最大限度发挥智慧监管风险防范作用。

2. 应用效果

一是集成式平台激发市场活力。作为浙江检验检测"一件事"改革重点应用，"浙里检"通过上线资质认定 2.0 系统、线上服务平台等系统，整合集成检验检测服务业上下游、全链路 40 余项事项的办理服务。打通检验检测服务业事前、事中、事后各环节，实现审批更高效、监测更精准、监管更智慧、服务更便捷，极大地便利了市场主体进入和市场供需对接，激发市场活力。截至 2022 年底，浙江全省共有各类 CMA（中国计量认证）资质检验检测机构 2555 家、实现营业收入 315.33 亿元，居全国第 5 位；近 5 年平均营收增速 14.18%，市场活跃程度居全国前列。

二是远程端服务节约交易成本。"浙里检"应用开发云上评等功能模块，将部分评审功能移至线上，实现行政、专家、被评审方多端实时线上审查反馈，提高评审效率，降低评审经费开支。同时，应用与行业头部机构合作推广建设阳光实验室、远程智控实验室、开放实验室等远程服务模式，将检验检测服务推送至块状产业及山区 26 县企业生产线末端，提高检测时效的同时大幅降低企业送检成本，已为企业节省大量检测、运输等费用。

三是智慧化支撑提升行业水平。"浙里检"应用开发大脑产品对公共服务平台日常业务数据进行分析研判，查找全省检验检测能力薄弱、空白领域，指导检验检测机构有针对性地进行能力扩展，提升服务能力。截至 2022 年底，浙江省检验检测能力参数数量 83.31 万项，累计方法标准 40.69 万项，覆盖食品、农产品、环境监测、建筑工程、卫生疾控等 37 个专业领域，基本实现项目领域全覆盖。规模以上检验检测机构市场份额 83.67%，年营收亿元以上综合性检验检测机构 41 家，支撑"415X"产业的能力布局不断完善，集约化发展势头逐步形成。

二、智能水表

传统抄表模式需要抄表员到水表安装现场对水表显示器或计数器上显示的累计流量数字进行逐一记录。抄表员按照一定的抄表周期抄录，但仍然无法掌握客户的用水特点与规律，也容易发生抄读差错、无法正常抄表等问题。此外，供水公司服务客户数量庞大，传统抄表模式的劳动强度大，需要投入大量的人力物力。基于上述情况，上海城投水务(集团)有限公司供水分公司开展了智能水表试点工作。

（1）解决方案

上海城投水务(集团)有限公司供水分公司从 2015 年起有计划地开展居民智能水表试点工作，主要经历以下三个阶段的发展。一是 2015—2017年，主要选择当时水表行业内的主流产品开展智能水表试点，具体安装情况如表 7-1 所示，该阶段的通信采用自组网方式。

表 7-1　第一阶段智能水表安装试点情况

试点阶段	试点时间	水表类型	通信方式	数据采集频率/(次/天)	数据发送频率/(次/天)
示范区试点	2015 年	三种直读式智能水表（光电直读式、摄像直读式和厚膜电阻直读式）、两种脉冲式智能水表（磁传感和无磁传感）	有线或无线自组网	1	1
"水电煤"三表集抄一期	2016 年	两种直读式智能水表（光电直读式和厚膜电阻直读式）、两种脉冲式智能水表（磁传感和无磁传感）		1	1
"水电煤"三表集抄二期	2017 年	脉冲式智能水表（无磁传感）		1	1

由于常规直读技术只能短时通电，定期或不定期采集个位数吨级的数据，无法满足更高频率的数据采集要求，供水公司主选无磁传感的脉冲式智能水表作为使用表型，其作为今后向客户提供延伸服务的数据采集基础，具有普遍适用性。

二是 2018—2020 年，随着数据治理规划要求的提出以及物联网技术的快速发展，第二阶段主要对通信方式和数据采集频率开展探索，具体安装情况如表 7-2 所示。根据使用情况，供水公司主要采用 NB-IoT（窄带物联网）作为智能水表的通信方式，优化数据采集、上传频率，且配合上级集团建立并完善了通信规约企业标准。结合水表的定期轮换工作，供水公司逐步扩大居民智能水表的覆盖范围，逐步实现远程自动化抄表开账取代传统人工抄表，不断提升服务质量和管理能级。

表 7-2　第二阶段智能水表安装情况

试点阶段	试点时间	水表类型	通信方式	数据采集频率	数据发送频率
物联网试点	2018 年初	无磁传感的脉冲式智能水表	LoRa、NB-LoT	每天 0 点、3 点、6 点各一次	每天一次
物联网一期	2018 年下半年		NB-LoT	每天 0 点、3 点、6 点各一次	每天一次
物联网二期	2019 年		NB-LoT	每半小时一次	每天一次
物联网三期	2020 年		NB-LoT	每半小时一次	每天一次

三是 2021 年开始，在前一阶段的基础上引入校验机制。脉冲式智能水表若出现断电、强磁干扰、水压不稳等情况，会对脉冲信号造成干扰，从而影响累加结果，造成水表实际数据与管理平台获取数据不一致，对服务质量和公司管理均会造成不利影响。随着人工智能、图像识别等新技术的

发展，供水公司再次试点测试摄像直读式智能水表，读数识别的效果理想。后续计划试点摄像-脉冲双模智能水表，通过脉冲累加读数和摄像读数的比对来实现智能水表的"自我校验"，也可人工比对摄像照片和水表读数确保数据的准确性。

（2）应用效果

通过智能水表可以分析客户的用水性质、用水量、用水时段等，可以通过这些数据了解客户的用水情况，并对不同客户的用水行为进行详细、精准的刻画和分析，为进一步提供个性化服务、预测客户用水行为等提供支撑。对于供水公司，结合客户用水行为、业务诉求等开展量化评估，以提供更具针对性的客户分类服务；结合季节、用水性质、园区规模、家庭特点（如房屋面积、供水方式、建设时间），总结客户用水行为特征，建立客户的用水模型，可进一步优化供水方式，实现提质增效和水资源管理。对于客户，供水公司可以通过用水行为的支撑，为客户推送用水分析，通过同比、环比、用水特点、阶梯水量或计划用水量的使用情况等信息，让客户了解自己的用水习惯，促进全社会增强节水意识，改进客户用水行为，还可以辅助大客户完善能源管理。供水行业的数字化转型是智慧城市建设的重要环节之一，智能水表的应用和海量的数据支持为供水企业的管理模式逐步从传统管理转向智慧水务管理夯实了数据基础。后续，供水公司也将进一步完善物联网感知层建设、强化数据安全管理、形成企业技术和管理标准、优化系统算力算法、提升客户互动性和体验感等，使企业的内部管理、对外服务、经济效益和社会形象进一步提升。

三、智能数字计量泵

工业用水的供水厂、供气厂通常面临因供水量、供气量昼夜变化较大导致的消毒系统维护频繁、投加量不稳定、投加精度不高、投加量响应时间滞后等问题，为此，天津塘沽中法供水有限公司在综合考虑投资成本、安全生产、与原有系统是否兼容等因素后，将消毒系统原有的隔膜计量泵更换为智能数字计量泵，对系统进行了集成创新。

通过优化，系统在设备维护、投加量稳定性以及出厂余氯三个方面都有很大的提升。一是设备维护。优化前，该消毒系统通过隔膜计量泵、流量计、变频器来控制次氯酸钠的自动投加。设备的购置及维护成本高，影响投加精度的因素较多（当以上 3 种设备其中之一出现问题时就会导致投药的准确度下降），缺少故障自检、保护及提示功能，手动操作较为烦琐。优化后，仅需配置智能数字计量泵即可实现次氯酸钠的自动投加。设备的购置及维护成本有所下降，同时更加简单易用，维护频率降低，还增加了故障停机、过（欠）压报警等功能，有效保障了泵组的安全运行。二是投加量的稳定性。优化前投加量的精度为 4 L/h，时常会出现瞬间峰值，实际加药量响应时间约有 3 min 的滞后。优化后投加量的精度可控制在 1 L/h，瞬间峰值已被完全消除，实际投加量可同步调整到与目标投加量相同的水平，彻底解决了实际投加量响应时间滞后的问题。三是出厂水余氯。优化前，在 12 h 的时间段内，该水厂出厂水余氯最小值为 0.94 mg/L，最大值为 1.33 mg/L，波动范围是 0.39 mg/L。优化后，在 12 h 的时间段内，该水厂出厂水余氯最小值为 1.06 mg/L，最大值为 1.23 mg/L，波动范围是 0.17 mg/L（马宝圆，2020）。

四、燃气表智能检测无人实验室

过去，大部分法定计量检定机构均采用人工操作或半自动方式检定燃气表，容易出现效率低、出错率高、人工成本高等问题。随着信息技术的不断发展，如今燃气计量已进入以物联网智能燃气表为代表的数字化计量时代，市民在家便能完成充值缴费、查询等事项。

（1）解决方案

广州能源检测研究院聚焦上述问题，运用工业机器人，结合视觉识别、智能物流、传感、实时监控检测、"互联网 +"及大数据等技术，自主研发了国内第一个民生计量燃气表智能检测无人实验室。该实验室具有智能无人检定、自动化程度高、准确度高和适用范围广等优点（见图 7-10）。

图 7-10　待检、完检燃气表交互过程

在技术指标方面，机器人燃气表智慧检定系统不确定度优于 0.5%，智慧检定系统不合格产品发现率不低于 99.99%，动态图像识别功能正确率不低于 99.99%，机器人"取帽盖帽"功能正确率不低于 99.99%。

（2）应用效果

检定效率提高 12 倍，每年减少 1600 万元的检定费用，减少用工 16 人，每年减少 80 吨纸耗材，每年减少材料成本约 60 万元，实现燃气表的多规格、多工位智能调度，具备易于管理、生产效率高、安全性高且经济效益显著等特点，可在高危环境下实现全天候作业，助力燃气表检测工作提质增效、节能减碳，推动 NB–IoT 智能燃气表产业的发展进程。

第七节　医疗

医学计量是确保医疗设备准确、有效、安全、可靠的必要手段，是医疗质量保障体系的技术基础和重要保证，是医院现代化科学管理的重要内容，只有将计量管理方式和计量技术手段用于医疗质量控制环节，才能使临床诊断和治疗更准确可靠。随着数字化发展愈发成熟，数字计量技术也应用于医疗领域，助力医疗行业更高质量的发展。大型医疗设备远程监控系统的使用就是其中一例。

随着医疗水平的提高，医护人员对医用设备的使用更加频繁，这对医疗设备和器材等提出了更高的要求，比如需要时刻对医疗设备进行维护，使其处于良好工作状态。大型医疗设备远程监控系统就是其中重要的一环，该系统的复杂性决定了人工无法对其进行实时监控，因为人工监控不仅会浪费大量人力资源，还无法做到提前预警。

（1）解决办法

针对上述问题，厦门锐谷通信设备有限公司采用远程监控方案，通过搭建 VPN 通道的方式来实现两端子网的数据通信，无线路由器通过网络连接上 VPN 服务端后，两端做静态路由让服务端和客户端两端子网可通信，效果等同于两台计算机在一个局域网下传输数据。这样大型医疗设备就能通过网络连接到服务器端的监控中心，技术人员可进行实时查看，监控整台医疗设备的运行情况，并定期进行维护检查（见图 7-11）。

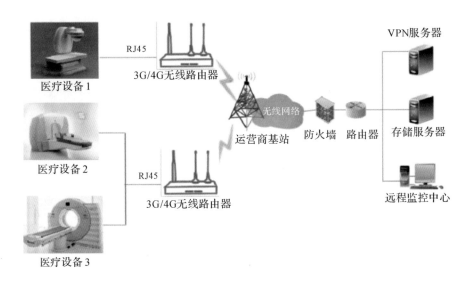

图 7-11　大型医疗设备远程监控拓扑图

（2）应用效果

远程工程师可以及时地发现设备的运行状况、报警信息，技术人员可以及时地维护设备，让设备能够一直正常工作。

第八节　管网

随着城镇化进程的快速发展以及人口的不断增加，管网工作显得尤为重要。城市燃气管网在计量选型上，门站、分输站计量一般选择孔板流量计、超声流量计、涡轮流量计；在下游用户的计量器具选型上，居民用户基本上为智能 IC 卡燃气表，商业（餐饮、大灶等）及小工业用户选择气体腰轮流量计（罗茨流量计），较大工业及其他大用气量用户多采用涡轮流量计。对流量计的选择基本满足燃气计量的需求。然而伴随着城市燃气市场规模的扩大，管网里数、支线增多，用户数量增多，冬季采暖期和夏季非采暖期供气谷峰差较大，以及企业普遍存在调峰设备不足等因素，使得企业在用户管理、燃气设备管理以及计量管理上的问题日益凸显。

近年来，随着数字化技术逐渐融入管网计量工作中，数字化的新计量技术、新计量设备在管网计量数字化转型中发挥着重要作用。

一、远程检定及计量仪表测试评价数据中心

国家管网集团西气东输公司南京计量研究中心大力推进数字化转型，加强计量与现代数字技术联动，将计量检定技术与流体力学、热力学、自动化、仪表、机械制造、通信、大数据、人工智能等多领域融合，依托信息化手段，改革计量管理模式，积极探索智能化、数字孪生、物联网、大数据及区块链等数字化技术的应用，深入开展智慧计量检定技术机构建设工作。

（1）主要工作

国家管网集团西气东输公司南京计量研究中心围绕推进智慧创新、数字计量，聚焦智慧管网、智能检定、远程检定、数据分析与应用，从管理数字化、检定数字化、维护数字化、证书数字化、数据数字化等方面，开展了数字智能化在管网建设方面的工作。打造了智能管理平台、智能检定系统、数据分析中心，实现了智慧服务、智慧检定和智慧评价，建立了一座基于数字孪生体的跨区域智能化检定机构。

（2）应用效果

实现了流量计检定的智能化决策、精准化执行及数字化感知等动态过程，大幅提升了检定效率和检定质量。

二、数字化远程计量

长输管道有着线长点多的特点，单纯依靠人为巡检维护设备，成本高昂。自 2021 年始，国家管网集团组织各所属企业开展计量远程诊断系统的建设及升级改造，进一步提升计量系统管控水平，以提前或及时有效发现计量系统异常情况，降低计量异议发生率或减少异议输气量，并开展智慧管网建设。在西气东输公司天然气管网运营中引入计量远程诊断系统技术平台，拓展了设备运行性能趋势分析、超声计量系统的预测性诊断、智能报警分析、自动核查诊断和报告生成、云平台短信息报警、计量专家知识库等功能，提升各品牌计量设备的兼容性和诊断结果管理的标准化，不断完善计量远程诊断系统，逐步建立计量远程诊断系统两级巡查机制，实现在线实时报警，从而进一步增强了远程诊断系统发现问题、统计分析的能力。国家管网集团还组织北方管道公司借助中俄东线建设，完成了计量远程诊断系统搭建，并完成东北输油管网、兰郑长成品油管网远程诊断改造，实现了油气计量系统的远程诊断功能，为智慧管网建设奠定了基础。

（1）主要工作

国家管网集团北方管道有限责任公司聚焦数字化远程计量，基于先进计算机技术、网络技术以及大数据分析技术，开发了计量远程管理系统和计量远程诊断系统。计量远程管理既可读入计量数据、诊断数据、工艺数据等实时参数，也可读入视频、图像等非结构化数据，实现组分对比、计量参数对比、计量参数核查等。计量远程诊断系统可完成计量关键数据的实时采集，在线监测超声波流量计、质量流量计、流量计算机、变送器、色谱分析仪等关键设备的运行状况，完成对整个计量系统的远程监控、故障诊断、设备维护等工作。

（2）应用效果

提高贸易交接计量的准确度，实现计量设备的全生命周期管理。数字化远程计量案例开创了新型"互联网＋计量"管理模式，极具推广价值。

第8章

先进测量体系数字化发展建议与措施

一、强化先进测量体系数字化科研攻关

加强计量学数字化基础理论和数字化核心技术原始创新，围绕国际单位制变革，加快计量关键核心数字化技术攻关和重大科技基础设施建设，研究解决极值量、复杂量、微观量等准确测量难题。加强高端仪器设备的研发，提升数字化测量仪器设备的准确性、稳定性、可靠性，培育具有核心技术和核心竞争力的国产数字化测量仪器设备品牌。推动科技成果转化，鼓励各类测量主体建立联合实验室和技术创新联盟，加强数字化测量资源开放共享，形成联合开发、优势互补、成果共享的产学研用协同创新机制，提高国家现代先进测量体系的数字化程度，增强国家现代先进测量体系的创新活力。

推动计量数字化转型，加强数字国际单位制建设，推行国际公认的数

字校准证书。推动跨行业、跨领域计量数据融合、共享与应用，建设国家计量数据中心，加强计量数据统计、分析和利用，强化计量数据的溯源性、可信度和安全性。在生命健康、装备制造、食品安全、环境监测、气候变化等领域培育一批计量数据建设应用基地，建设国家标准参考数据库。规范计量数据使用，推动计量数据安全有序流动。

充分发挥企业、科研院所、高校等科技资源优势，完善计量科技创新协作机制，不断强化先进测量体系数字化科技创新基础。加快开展量热技术、数字化模拟测量技术、工况环境监测技术等基础共性计量技术研究。加快量子传感和芯片级计量技术、新型量传溯源技术研究，研制具有典型量子化特征的测量仪器设备，建立计量标准和测量参数传递数字链路，推动量值溯源扁平化发展。积极推进计量数字化，加强数字计量基础设施建设，开展计量标准和测量仪器设备数字化技术研究。

二、巩固先进测量体系数字化技术基础

加强量子计量、量值传递扁平化和计量数字化转型技术研究，加快建成以量子计量为核心、科技水平一流、符合时代发展需求和国际化发展潮流的 NMAMS。

具体而言，需要增强计量基准自主可控能力，建立原子时标基准、能量天平法质量基准和热力学温度基准等新一代国家计量基准，填补我国在人工智能、环境保护、新一代信息技术等领域最高测量能力的空白，强化量值源头供给，建立以数字化国家计量标准、社会公用计量标准、部门（行业）计量标准、企事业计量标准为主体的层次分明、链条清晰的数字化计量标准基础设施网络。针对各领域数字化测量能力不足的现状，加强国家

数字化测量基础条件和能力建设，打造突破型、引领型、平台型的国家先进数字化测量实验室。

三、注重数字化测量专业人才队伍建设

政府部门要坚持人才培养与产业发展相结合，鼓励校企合作；支持企业与高校建立人才培养共享机制，建设一支具有实践经验的人才队伍，共同培养现代先进测量体系数字化建设所急需的各类技术人才。

鼓励高校、科研院所加强计量相关学科专业建设，支持高校自主设立计量相关二级学科、交叉学科及计量相关专业，推进计量相关专业升级和数字化改造。加大对数字化测量专业技术人才的培养力度，造就一支懂测量、懂技术的专业数字化测量技术人才队伍；实时跟进国际发展动态，建立国际数字化测量专家库和人才库。加强数字化测量技术人才培训，打造富有自主创新精神、专业技术能力强、善于解决实际问题的数字化测量人才队伍。

企业还应完善数字化测量专业人才的教育培训、职级晋升、业绩考评、激励导向、职级薪资、荣誉授予等机制。

四、提升重点领域数字化测量保障能力

数字化测量技术是控制和提升质量的重要基础，也是实现产业高质量发展的"眼睛"和"神经"。探索构建数字化测量技术服务主体多元化、形式多样化的模式，为重点产业提供全链条计量服务；根据我国工业强基增效、培育壮大战略性新兴产业等重大战略计量需求，持续提升资源密集型、劳动密集型、数字经济、生物制药、新材料、装备制造、电子信息、新能源、节能环保等重点领域的测量数字化技术保障能力。

重点提升航空、航天和海洋等国家重大战略领域数字化保障能力。在航空、航天、海洋等领域建立完善的计量保证与监督体系，加强产品型号总计量师系统建设。推动航空装备计量数字化、体系化发展，健全全产业链、全寿命周期计量评价体系，为航空装备发展提供一体化计量测试技术支撑。研究建立空间计量技术体系，提升空间领域计量保障能力和航天装备质量控制水平，补齐关键、特色参数指标计量测试能力短板。开展海上卫星导航设备、海洋装备测量测试技术研究，提升海洋装备数字化测量能力。健全海洋立体观测、生态预警、深海气候变化、生物多样性监测等领域计量保障体系。

五、为数字中国建设提供测量技术保障

加强计量数据关键技术研究，加快推动测量数字化建设和应用。强化计量与现代数字技术、网络技术以及产业数字化科研生产平台联动。针对工业先进制造，加快基于协调世界时（UTC）的分布式可靠时间同步技术、时空敏感网络、传感器动态校准等数字计量设施建设。以量值为核心，提升数字终端产品、智能终端产品计量溯源能力。开展智能传感器、微机电系统（MEMS）传感器等关键参数计量测试技术研究，提升物联网感知装备质量水平，打造全频域、全时段、全要素的计量支撑能力。

解决新一代信息技术变革而催生的新型计量问题，保障数字经济时代测量的准确性、一致性和可信度，支持我国在数字时代建设数字中国、提升数字质量，保障数字经济的健康发展，全面提升计量对数字经济全要素、全流程、全产业链的支撑能力和对数字终端、智能终端产品的计量溯源能力，服务数字中国与网络强国建设。

六、构建基于数字化的智慧计量监管模式

以数字化改革为指引，充分运用大数据、区块链、人工智能等技术，探索推行以远程监管、移动监管、预警防控为特征的非现场监管，通过器具智能化、数据系统化，积极打造新型智慧计量体系。推广新型智慧计量监管模式，建立智慧计量监管平台和数据库。鼓励计量技术机构建立智能计量管理系统，推动设备的自动化、数字化改造，打造智慧计量实验室。推广智慧计量理念，支持产业计量云建设，推动企业开展计量检测设备的智能化升级改造，提升质量控制与智慧管理水平，服务智慧工厂建设。

创新计量智慧监管模式，实现监管部门、计量技术机构、计量器具使用部门等参与节点之间数据信息互通共享。建设计量数据智慧中心平台，通过采取强制检定设备智能化、数据系统化的手段，探索打造智慧计量实验室，搭建相关法定计量技术机构的强制检定计量监管数据库，探索推进以数字化监管、移动监管、预警防控等为特征的非现场监管。

七、推进测量数据积累和应用

引导企业建立产品研制、生产、试验、使用过程动态测量数据信息库，开展测量数据分析研究，改进企业生产控制流程，提高产品控制精度和质量，完善产品全寿命周期数据管理。加强测量数据智能化采集、分析与应用，推进测量设备自动化、数字化改造，建立智慧计量实验室和智能计量管理系统，实现数字化赋能。积极将测量数据纳入工程领域数字化科研过程，推动测量数据资源在工程领域集成应用。加快建设国家计量数据中心，培育一批国家计量数据建设应用示范基地，探索建立国家标准参考数据中心，提升测量数据价值挖掘能力，实现跨行业、跨领域测量数据融合、共享和应用。

八、加强数字化测量技术机构建设

积极探索数字化测量技术机构建设和能力提升的经验及方法，巩固和加强全国数字计量技术委员会、人工智能计量技术委员会、国家计量数据建设应用示范基地（智慧电力）、国家内燃机产业计量测试中心、国家中厚钢板产业计量测试中心和国家海洋动力装备产业计量测试中心等数字化测量技术机构建设。

充分发挥各技术机构多学科、多领域人才集聚的优势，积极推进计量技术规范的制（修）订工作，主动对接国家、行业、企业需求，充分发挥技术机构的专业化作用；加强宣传引导，全方位、多渠道传播数字化测量知识，充分发挥技术机构的桥梁和纽带作用。

各技术机构应组织人员积极参加国际和区域计量组织数字计量领域技术活动，跟踪研究计量领域数字化转型国际规则和规范制定，掌握数字计量领域国际发展动态，开展数字化测量领域的国际合作。

参考文献

[1] Canepa-Talamas D, Nassehi A, Dhokia V. Innovative framework for immersive metrology. Procedia CIRP, 2017, 60: 110–115.

[2] Chernikova A, Kondrashkova G, Bondarenkova I, et al. Digitization and axiomatics in modern metrology//IOP Conference Series: Materials Science and Engineering. IOP Publishing, 2019, 497(1): 012130.

[3] Garg N, Rab S, Varshney A, et al. Significance and implications of digital transformation in metrology in India. Measurement: Sensors, 2021, 18: 100248.

[4] Guiness B M, 刘新民. 英国计量机构在变革中的经验与国家的职责. 中国计量.2004(3):42–44.

[5] Huntoon R D.Concept of a national measurement system. Science,1967,158:67–71.

[6] Kok G. The digital transformation and novel calibration approaches. tm-Technisches Messen, 2022, 89(4): 214–223.

[7] Kramer R, 安雅丽, 谢代梁. 德国法制计量体系概况. 中国计量学院学报,2015(1):1–6.

[8] Kuster M. A measurement information infrastructure's benefits for

industrial metrology and IoT//2020 IEEE International Workshop on Metrology for Industry 4.0 & IoT. IEEE, 2020: 479–484.

[9] Kuzin A Y, Yashin A V. The system of uniformity of measurement assurance facing digital transformation of the economy//IOP Conference Series: Materials Science and Engineering. IOP Publishing, 2019, 476(1): 012018.

[10] Makarov V V, Blatova T A, Fedorov A V, et al. Metrology in ensuring the quality of products and services in digital economy//European Proceedings of Social and Behavioural Sciences EpSBS. 2020: 490–498.

[11] Mani M, Lane B, Donmez M, et al. Measurement science needs for real–time control of additive manufacturing powder bed fusion processes.NIST Interagency/Internal Report (NISTIR).(2015–03–15)[2022–09–05].https://doi.org/10.6028/NIST.IR.8036.

[12] Morse E. Design for metrology–a new idea?. Procedia Cirp, 2019, 84: 165–168.

[13] Mustap T, Autiosalo J, Nikander P, et al. Digital metrology for the internet of things//2020 Global Internet of Things Summit (GIoTS). IEEE, 2020: 1–6.

[14] Mustap T, Nikander P, Hutzschenreuter D, et al. Metrological challenges in collaborative sensing: Applicability of digital calibration certificates. Sensors, 2020, 20(17): 4730.

[15] NIST 校准帮助从太空密切关注地球环境 .(2017–6–16)[2022–11–18]. https://mp.weixin.qq.com/s?__biz=MjM5MTQ1MTY2MA==&mid=2651607995&idx=4&sn=3c07a463df4d8d52cae27c13c2433da6&chksm=bd4dacd88a3a25ceba5b87aae99226b9d520fefb14e4ae2fb067433d60e634edc50763853a8a&scene=27/.

[16] NIST 研究人员开发细胞物理特性量化技术为器官芯片铺平道路.(2020-11-29)[2022-11-18].https://byteclicks.com/13194.html/.

[17] Workplace Training. 美国计量教程(连载二). 上海计量测试.2018(S2):50-59.

[18] 鲍悦. 英国国家法制计量机构——国家度量衡实验室(NWML). 中国计量.2005(1):42-43.

[19] 本刊编辑部. 钱学森同志在全国计量工作会议上的讲话. 中国计量,2009(12):4-8.

[20] 本刊综合. 计量,实现精准医疗的钥匙——美国将计量标准作为优先发展重点研究领域. 计测技术,2016(4):32.

[21] 陈海波. 计量单位将迎来量子化时代. 光明日报,2015-11-16(8).

[22] 陈良贤. 深入贯彻实施规划 构建"大计量"工作格局 加快推动经济社会高质量发展. 中国市场监管报,2022-05-20(3).

[23] 陈通. 发挥计量支撑作用 服务国家战略在上海实施. 财会学习,2022(19):4-5.

[24] 陈岳飞,徐学林,朱美娜,等.NMAMS 的基本内涵、生成逻辑及实现路径. 中国测试,2021(2):1-5.

[25] 程胜,柯一春,马伟,等. 我国商用飞机产业的计量测试体系. 中国计量,2017(5):42-44.

[26] 崔伟群. 数字计量——数字时代、数字中国、数字质量的先行者. 中国计量,2022(5):7-10.

[27] 德国先进测量体系培训团. 构建 NMAMS 助推产业高质量发展——赴德国开展"国家先进测量体系"培训收获. 张江科技评论.2020(5):55-60.

[28] 董蕊. 泰国计量制度初探. 中国计量.2022(7):38–41,62.

[29] 杜磊，孙桥，白杰，等. 基于多目标三维跟踪雷达的移动式机动车在线测速标准装置. 计量学报，2022(3):378–385.

[30] 对计量、测量的理解和认识 .(2015-6-24)[2022-11-17].http://www.chinajl.com.cn/jiliangyuzhiliang/54454.html/.

[31] 方宏，卞昕，何昭. 信息计量的发展及趋势 .(2010-9-28)[2022-9-1].http://www.chinajl.com.cn/quanweijiedu/56593.html/

[32] 方向. 全面开创计量科技创新战略发展新局面. 中国计量，2022(12):16–17.

[33] 高健强. 计量测试技术的前世今生. 张江科技评论，2020(5):80–85.

[34] 高明杰，赵丽蓉. 煤矿测绘中数字化测量信息技术应用的研究. 矿业装备，2022(1):2.

[35] 葛雁，任凝，郭晓炜. 集成式远程智慧服务支撑数字经济高质量发展的模式研究及建议——以浙江省"浙里检"应用为例. 中国标准化，2024(1):142–146.

[36] 耿维明. 关于构建国家先进测量体系的设想. 中国计量，2021(11):17–20.

[37] 工信部印发《制造业质量管理数字化实施指南（试行）》. 设备管理与维修，2022(3):6.

[38] 宫轲楠，徐文见. 韩国国家质量基础设施立法及其启示. 标准科学 .2020(9):12–16,26.

[39] 广东市场监管. 广东省市场监管局大力推行智能计量监管 .(2021-12-3)[2022-9-1].https://m.thepaper.cn/baijiahao_15691011/.

[40] 郭力仁，古兆兵，等．美俄军事计量体系特点分析及启示．计量与测试技术．2022(1):83–87,93.

[41] 国家市场监督管理总局德国先进测量体系培训团．德国先进的测量体系及产业应用．张江科技评论．2020(5):66–68.

[42] 国家质检总局．"国家商用飞机产业计量测试中心"揭牌．(2017–5–22)[2022–9–1].http://www.chinajl.com.cn/chanyejiliang/56326.html/.

[43] 国家质量监督检验检疫总局．ISO/IEC 指南 99 国际计量学词汇 基础通用概念和相关术语．[2022–9–1].https://max.book118.com/html/2017/1229/146383057.shtm/.

[44] 国家质量监督检验检疫总局．标准物质通用术语和定义 :JJF 1005—2016 .[2022–9–1].https://max.book118.com/html/2017/1229/146383057.shtm/.

[45] 国家质量监督检验检疫总局．通用计量术语及定义技术规范 :JJF 1001—2011. [2022–9–1].https://www.doc88.com/p-1167826819202.html/.

[46] 国务院关于印发计量发展规划 (2021—2035 年) 的通知．中华人民共和国国务院公报 ,2022(5):52–62.

[47] 韩城市场监管 .2022 年世界计量日——"数字时代的计量"．(2022–5–19)[2022–9–2].https://mp.weixin.qq.com/s/0Ur7xx01MNlJrL7PSvlr7w.

[48] 韩国标准科学研究院 (KRISS).[2022–8–25].http://www.chinagb.org/article–193616.html.

[49] 韩国标准科学研究院官网 .[2022–8–25].https://www.kriss.re.kr/.

[50] 韩建书，卫蔚，岩君芳．浅析现代先进测量体系的构建．中国计量，2021(8):10–12.

[51] 杭州市民生计量公共服务平台．推进民生计量数字化改革打造

大 数 据 信 用 监 管 新 模 式 .(2021-11-11)[2022-9-1].https://www.sohu.com/a/500461576_121123851/.

[52] 何学军 . 几何量数字化测量方法与装备的现状及发展趋势 . 计测技术 ,2021(2):35-40.

[53] 河北省市场监督管理局 . 河北省加强现代先进测量体系建设实施方案 .(2022-5-9)[2022-9-2].http://scjg.hebei.gov.cn/info/83484/.

[54] 红亮 . 构建 NMAMS 服务经济社会高质量发展 . 财会学习 ,2022(21):4-5.

[55] 胡卓林 , 毛宏宇 , 王书士 , 等 . 美国空军计量体系现状与启示 . 航空维修与工程 ,2010(6):67-70.

[56] 黄河 . 美国计量机构简介 . 石油工业技术监督 .2000(1):21.

[57] 霍哲珺 . 德国计量管理体系概述 . 管理观察 ,2018(33):58-59.

[58] 计量与测量的区别是什么 .(2019-10-10)[2022-11-17].https://zhidao.baidu.com/question/333758005205551845.html/.

[59] 简阳食药监 .2022 年"世界计量日"主题及国际组织致辞 .(2022-5-19)[2022-9-1].https://mp.weixin.qq.com/s/kxr2VyfzRD_8mGXT_kJXhA.

[60] 姜昌亮 . 夯实计量发展基石 推进油气管道"全国一张网"建设运 营 . (2022-5-27)[2022-9-1].https://gkml.samr.gov.cn/nsjg/xwxcs/202205/t20220526_347330.html/.

[61] 局文 .2021 年全国量值传递与溯源工作研讨会召开 . 中国计量 ,2021(12):14.

[62] 阚飞 , 刘虹君 , 东方 . 互联网远程计量校准技术探讨 . 大众标准化 ,2022(13):188-190.

[63] 李得天 . 德国联邦物理技术研究院 (PTB) 气体微流量计量评介 . 真空科学与技术 ,2003(4):71–76.

[64] 李洪 . 推进航天产业计量高质量发展 支撑航天强国建设 .(2022-5-25)[2022-9-1].http://www.xinhuanet.com/enterprise/20220525/73545c7c693d4287b0cbd4702256c00d/c.html.

[65] 李猛 . 大力支持计量改革创新 加快推进山东高质量发展步伐 . 中国市场监管报 ,2022-05-20(3).

[66] 李雪菁 , 姚新红 , 张进明 . 高温液态金属流量在线测量方法与技术综述 . 仪器仪表学报 ,2022(1):62–72.

[67] 林雪萍 , 张耀文 . 德国精密计量的进化 . 中国计量，2022(4):65–70.

[68] 刘红亮 . 构建 NMAMS 服务经济社会高质量发展 . 财会学习 ,2022(21):4–5.

[69] 吕佳烨 , 陶丽琴 . 印度计量法律制度的考察及对我国修法的思考 . 标准科学 ,2019(8):51–54.

[70] 罗丹 . 山东路科组织 “济潍高速自动化计量系统培训会” .(2021-9-30)[2022-9-1].http://sddtzx.com/matid-2021093000000005.html/.

[71] 罗路明 . 借鉴英国计量体系探索地方计量标准建设 . 轻工标准与质量 .2015(4):42–43.

[72] 马爱文 , 曲兴华 .SI 基本单位量子化重新定义及其意义 . 计量学报 ,2020(2):129–133.

[73] 马宝圆 . 智能数字计量泵在次氯酸钠消毒系统中的应用 . 海河水利 ,2020(5):68–70.

[74] 潘光政 . 英国的质量认证和计量监督管理 . 中国质量技术监

督 .2005(6):54–55.

[75] 庞骁刚 . 电力计量为建设新型电力系统赋能 .(2022-5-26)[2022-9-1]. http://www.xinhuanet.com/enterprise/20220526/d8eebd58cf3f4cc397a34bd2a3dd53ec/c.html.

[76] 奇巴图 . 全力提升计量能力水平 为内蒙古经济高质量发展赋能增效 . 中国计量 ,2022(6):11–13.

[77] 秦宜智 . 实施《计量发展规划 (2021 — 2035 年)》全面开启加快计量发展新征程 . 中国市场监管报 ,2022-05-14(1).

[78] 秦宜智 . 拥抱数字时代 加快计量发展 . 中国质量监管 ,2022(5):14–16.

[79] 邱喜鹏 , 张倩 , 马茂冬 , 等 .SI 基本单位重新定义后国外计量测试技术发展综述 . 化学分析计量 ,2020(6):156–160.

[80] 人民网 . 首个国家碳计量中心获批筹建助力碳达峰碳中和目标实现 .(2022-5-13)[2022-9-1].https://baijiahao.baidu.com/s?id=1732692170612533634&wfr=spider&for=pc.

[81] 任思源 . 国际计量数字化发展政策及启示 . 中国计量 ,2021(6):64–67.

[82] 邵春堡 . 数字经济发展与数字中国建设 . 党政干部论坛 ,2021(3):9–12.

[83] 史玉成 . 计量，实现精准医疗的钥匙 . 中国质量报 ,2016-06-08(2).

[84] 市场监管总局 科技部 工业和信息化部 国资委 知识产权局 关于加强 NMAMS 建设的指导意见 . 中国计量 ,2022(2):5–9.

[85] 市场监管总局 ."十四五"市场监管科技发展规划 .(2022-3-15)[2022-9-1].https://www.samr.gov.cn/kjcws/sjdt/202203/t20220321_340621.html/.

[86] 市场监管总局 . 市场监管总局关于加强民生计量工作的指

导 意 见 .(2022-3-1)[2022-9-1].https://www.samr.gov.cn/jls/tzgg/202203/t20220301_340077.html/.

[87] 市场监管总局关于促进市场监管系统计量技术机构深化改革和创新发展的指导意见 . 中国计量 ,2021(12):5-8.

[88] 市场监管总局关于构建区域协调发展计量支撑体系的指导意见 . 中华人民共和国国务院公报 ,2021(8):73-76.

[89] 市场监管总局关于加强标准物质建设和管理的指导意见 . 中国计量 ,2022(1):6-11.

[90] 市场监管总局关于加强民生计量工作的指导意见 . 中国计量 ,2022(4):16-19.

[91] 市场监管总局关于进一步加强社会公用计量标准建设与管理的指导意见 . 中国计量 ,2018(11):24-26.

[92] 宋德伟 . 计量技术与精准医疗如何碰撞出火花？ (2016-5-4)[2022-11-18].https://www.antpedia.com/news/92/n-1319492.html/.

[93] 宋健 , 刘刚 , 等 . 美国计量管理制度 . 上海计量测试 .2016(3):2-4,8.

[94] 苏红 . 美国度量衡大会（NCWM）——任重道远 . 中国计量 .2004(10):44-48.

[95] 苏敬 , 关增建 . 中、日、美国家计量管理体系比较研究 . 科学 .2002(3):40-42,2.

[96] 苏志毅 , 赵伟 , 黄松岭 . 多传感器信息融合技术在现代测量领域的地位和重要作用 . 电测与仪表 ,2013(3):1-5.

[97] 孙菊生 . 绘制计量规划新蓝图 谱写江西发展新篇章 . 江西日报 ,2022-05-19(3).

[98] 泰国 NMS 及其发展规划介绍 . (2019-6-17)[2022-9-1].http://www.chinajl.com.cn/haiwaifeihong/61841.html.

[99] 铁路计量发展规划（2021—2035 年）. 铁道技术监督 ,2022(5):2-5,10.

[100] 推进计量数字化转型 夯实数字时代测量基础 2022 年"世界计量日"中国主题活动云端举行 . 中国计量 ,2022(6):14.

[101] 王秦平 . 计量的经济和社会效益评价——写在"5.20 世界计量日"之际 . 中国计量 ,2003(5):10-13.

[102] 王颖婕 , 路正南 . 美国 NQI 发展及对中国的启示研究 . 现代管理科学 . 2018(1):27-29.

[103] 王芸 . 宁波：水表检定数据管理系统构建计量监管新模式 . 市场导报，2022-05-21(5).

[104] 王召阳 .NIST 开发增材制造计量测试平台（AMMT）可实时监测金属 3D 打印过程 .(2022-10-9)[2022-11-18].http://www.51spec.com/tech/show.php?itemid=209653/.

[105] 威海新闻网 . 计量信息"码"上见，智慧监管让威海人生活更便利 .(2021-11-30)[2022-9-1].https://www.sohu.com/a/504587408_100291673/.

[106] 韦柳融 . 关于加快构建我国数字基础设施建设体系的思考 . 信息通信技术与政策 ,2020(9):63-66.

[107] 我科学家成功提升量子精密测量灵敏度 .(2022-6-20)[2022-11-17].https://m.gmw.cn/baijia/2022-06/20/35821585.html.

[108] 无锡市计量 . 我局计量大数据监管新模式得到国家市场监管总局通报肯定 .(2022-1-10)[2022-9-1].https://www.wuxi.gov.cn/doc/2022/01/10/3569672.shtml.

[109] 五部委联合发布《关于加强 NMAMS 建设的指导意见》. 传感器世界 ,2022(1):32.

[110] 校党委理论学习中心组举行"数字化改革"专题学习会.(2022-3-9) [2022-9-1].https://www.cjlu.edu.cn/info/1100/24912.htm/.

[111] 谢汉斌 .CNC 数控机床在线测量系统的校准装置研究 . 计量与测试技术 ,2022(2):34-37.

[112] 邢怀滨，刘军，于亚东，等 . 建设国家测量体系的理论分析与政策建议 . 中国科技论坛，2007(5):15-18.

[113] 徐婧,唐川,杨况骏瑜 . 量子传感与测量领域国际发展态势分析 . 世界科技研究与发展，2022(1):46-58.

[114] 宣湘 , 马文秀 . 美国国家计量大会（NCWM）——美国计量管理的重要角色 . 中国计量 .2003(2):39-40.

[115] 央广网 . 国际单位制重大变革 助推计量迈入量子化新时代 .(2018-12-11)[2022-9-1].https://baijiahao.baidu.com/s?id=1619539631740967316&wfr= spider&for=pc/.

[116] 杨况骏瑜，徐婧，唐川 . 趋势观察：国际量子传感与测量领域战略部署与研究热点 . 中国科学院院刊，2022(2):259-263.

[117] 杨利民 , 刘中雨 , 梁艳 . 浅谈计量单位的量子化 .(2019-4-15) [2022-9-1].http://www.chinajl.com.cn/qitaxinwen/58064.html/.

[118] 尹丙寿 . 韩国的计量测试制度和中日韩共同合作方案 .(2016-2-19) [2022-9-1] .https://www.docin.com/p-1461717320.html/.

[119] 于连超 . 论《计量法》的科技法属性与国家计量机构的立法定位 . 科技管理研究 .2020(15):26-33..

[120] 余瀛波.国际计量体系即将发生重大变革,单位制将重新定义.(2015-11-14)[2022-9-1].http://www.seatone.cn/hydt.asp?id=2587/.

[121] 原子钟:计量时间的"千分尺".(2022-3-11)[2022-11-17].https://baijiahao.baidu.com/s?id=1726951242436836091&wfr=spider&for=pc/.

[122] 增材新视窗丨响应白宫 AM Forward 计划,NIST 授予近 400 万美元以支持 3D 打印测量科学研究.(2022-8-12)[2022-11-18].https://mp.weixin.qq.com/s?__biz=MzU3NTA5NDc1Nw==&mid=2247503016&idx=4&sn=873ada4a410d8d72f18beaa58fda13fe&chksm=fd2ae622ca5d6f34d6fbfa7ca91e4d20fbb9def2b0100ff2218a17d29d3bfefaea5b9dbe7ec2&scene=27/.

[123] 张曙光.充分发挥计量支撑作用 加快推进安徽"三地一区"建设.中国市场监管报,2022-05-20(3).

[124] 张文峰.开启计量发展新征程 服务经济社会高质量发展.(2022-5-27)[2022-9-1].https://gkml.samr.gov.cn/nsjg/xwxcs/202205/t20220527_347342.html/.

[125] 张晓刚.由对现代先进测量体系和现代计量体系关系思辨引发的思考.中国质量监管,2020(8):58-59.

[126] 张新生."数字中国"的建设思路.(2022-3-9)[2022-9-1].http://k.sina.com.cn/article_5633567275_14fc96a2b00101066f.html/.

[127] 赵伟,姚钪,黄松岭.对智能电网框架下先进测量体系构建的思考.电测与仪表,2010(5):1-7.

[128] 浙江省计量院.省计量院开展业务系统培训推进数字化改革.(2021-9-14)[2022-10-16].https://www.zjim.cn/html/xinwendongtai/detail_2021_09/14/4436.html.

[129] 制造业设计能力提升专项行动计划（2019–2022 年）. 机械工业标准化与质量 ,2019(12):12–15.

[130] 中国计量科学研究院 . 关于举办线上"数字计量新态势和新技术的培训班"的通知 .(2021–11–12)[2022–9–1].https://www.nim.ac.cn/node/2248/.

[131] 中国计量网 . 莆田市举行计量器具数字化动态监管系统操作培训 .(2021–4–28)[2022–9–1].http://www.chinajl.com.cn/difangdongtai/58247.html.

[132] 中铁检验认证中心 . 数字时代的铁路计量 .(2022–5–20)[2022–9–1]. https://mp.weixin.qq.com/s?__biz=MzI3MTQzNTAzNQ==&mid=2247541906&idx =1&sn=fa1889cb233b3adcd8476efb1ff3a774&chksm=eac3b0e6ddb439f08e74554 6610019f8d989c6eaac6af669af6d2da36209f37a8cc3c7b3f6c4&scene=27/.

[133] 朱美娜 .NMAMS: 制造业转型升级的坚韧利器 . 张江科技评论 , 2020(5):16–20.

[134] 朱美娜 . 构建 NMAMS 助推制造业转型升级 . 中国质量技术监督 ,2018(11):50–55，1.

[135] 朱美娜 . 计量与测量是一回事吗？ (2022–8–19)[2022–11–17].http:// www.360doc.com/content/22/0819/16/2130821_1044504240.shtml.

[136] 朱小元 . 德国计量体系对我国规范校准市场的借鉴意义 . 中国计量 ,2007(6):10–12.